金商道

The positive thinker sees the invisible, feels the intangible, and achieves the impossible.

惟正向思考者，能察於未見，感於無形，達於人所不能。 —— 佚名

從新主管
到頂尖主管

哈佛商學院教授
教你90天掌握精純策略、達成關鍵目標

The First 90 Days:
Proven Strategies for Getting Up to Speed Faster and Smarter, Updated and Expanded

麥克・瓦金斯 Michael D. Watkins ／著　方祖芳／譯

推薦序1

有成功的轉職，才有成功的職涯

前台北市副市長、亞洲泌尿醫學會秘書長暨前會長／邱文祥

欣聞《商業周刊》將已在世界各地暢銷十年，曾翻譯為二十七國文字，而且被《經濟學人》雜誌（*The Economist*）譽為「轉職聖經」（The onboarding bible.）的《從新主管到頂尖主管》，用心翻譯成中文後出版。細讀完此書後深感其中甚多觀念及理論，與我多年的管理經驗不謀而合。

此書由著名的哈佛商學院（Harvard Business School）麥克．瓦金斯博士（Michael D. Watkins），費時三年訪查全球知名企業領導人、高階經理人，整合眾人智慧而撰寫出組織管理的經典著作。尤其難能可貴的是，此書雖已出版十年而歷久彌新；書中的真知灼見及管理智慧，經過時間淬煉愈顯珍貴。

瓦金斯教授是哈佛大學（Harvard University）決策科學博士，並於哈佛商學院和哈佛甘迺迪政府學院（Harvard Kennedy School of Government）擔任教授。他是全球首屈一指，研究

有關在職場中如何適應轉變職務的頂尖專家。而他能夠在經過十年的蛻變及自我提昇後，再將此書修潤成新版，實屬難能可貴。

巧合的是，我在二〇一九年六月份與國際醫界著名的拉爾夫・克萊曼（Ralph Clayman）教授，合著了一本《十二週完美領導學》（*Compleat Dean*）。比較之後發現，這兩本書所傳遞的觀念、精神、經驗及處世智慧有頗多異曲同工之處。

最巧的是，此英文書名為「The First 90 Days」，其訂的時間，竟然與我的書《十二週完美領導學》八十四天，僅差距六天。可見這三個月的時間，對於不論轉職者或是晉升新職的新領導人來說多重要。如果能夠好好掌握這段時間，利用書中所述重點，必將有所收穫。

關鍵九十天

首先，必須想出良好的策略，建立明智願景，輔以扎實人脈，慢慢地進入良性循環。開始增加聲譽，找到盟友，然後得到初期的成效。而達到成效的時間，在商業管理領域裡大約需要六．二週的時間。當然，因應職場領域或職務狀況不同，適應期勢必有所差異。如果接手爛攤子，就要更久時間。但是目標一致，那就是「在最短時間內達到損益平衡」。

STARS模型

每次轉職大約會影響到周遭十二個人，如何與被影響到的人盡速取得共識，互相增加了解而減少誤會，絕對是幫助你達到成功的重大關鍵。

各行各業在晉升領導人可以利用STARS模型來處理。STARS分別代表的是：新創事業（Start-up）、徹底改造（Turnaround）、加速成長（Accelerated growth）、調整重組（Realignment）、維持成功（Sustaining Success）。期待各位讀者好好利用STARS模型迅速適應轉職的挑戰。

我的人生際遇曾經有八次轉職大變動，親身感受到轉換職務時，個人乃至家庭皆會受到很大的衝擊。像是，如何將公司拉回正軌以因應快速擴張？如何讓過去表現優異而如今面臨困難的企業重振雄風？如何將成績表現良好的組織，提升到更高的境界？我因此深知轉職的重要及風險，稍有不慎極易產生不良的結果。

然而，此書充滿了許多實用的圖表及策略，是一本不僅具有新觀念、高智慧，而且是極為實用的工具書。非常高興能提前讀到此難得一見的好書。書的內容去蕪存菁，更上一層樓，現在能夠增修成新版，並且翻譯成中文以饗華人讀者。我在此受邀作推薦序，深表榮幸，特與讀者分享。

深信讀完後，一定可以系統掌握所有轉職注意事項。因為成功的職涯皆由成功的職務組成，而所有成功的職務皆由成功的轉職過渡期開始。每次轉職都是更上層樓的機會！

推薦序2

新官上任，先別急著大刀闊斧

商業思維學院院長／游舒帆

在閱讀本書時，讓我回想起往事。多年前我第一次轉職擔任研發主管，當時面試官也是後來的主管問我：「你打算怎麼開始？」，我回答他：「雖然剛剛聊了很多，但前兩個月我希望先觀察與了解現況，不急著做太多調整，只有掌握了問題成因，配套措施才會到位。」對方點點頭，表示認同，即便當時公司有迫切的改變需要。

然而，積習已久的問題，背後往往不是表面那麼單純，一般分成以下三類：

第一類是「技術性問題」：因為專業或經驗不到位所衍生的問題，例如不知道如何設計產品才能帶來更好的客戶體驗，通常最容易處理。

第二類是「政治性問題」：因為內部的權力角力而造成，有些流程或分工方法被權力架構所箝制，導致問題明明顯而易見，但沒人敢動手去碰它。類似的還有，某人不願配合而導致其他人得繞過他來處理問題。

第三類是「文化性問題」：由組織內慣性所造成，例如習慣處理短期問題而忽略長期問題、不能質疑老闆的決策、避免衝突等等，這些都是企業長年累積，已成為組織文化，你得特別小心，因為你挑戰的不是一個人或少數人，而是一大群人。

空降主管最困難的挑戰，除了不熟悉業務以外，也未掌握相關的利害關係人跟期待、不了解公司內政治版圖、對企業文化了解有限。到底要如何快速掌握現況呢？

四個執行重點

瓦金斯教授在本書中提到的關鍵要點，正巧也是我當年採取的行動：

第一、熟悉業務：對業務的熟悉度會決定看專業性問題的精準度，也是他人是否能與你有效溝通的關鍵之一，我會親自去參加每一場例行會議，除了可以熟悉業務外，也可以觀察出哪些人的意見更受到重視，並能大略掌握政治氛圍與組織文化。

第二、跟利害關係人打好關係：權力結構跟人際網絡都是能否做好事的關鍵，搞清楚哪些人有決策權，哪些人對擁有決策權的人有影響力，理解期待並盡力滿足。無法滿足時，也要盡可能降低對方所帶來的負面影響。我會跟每位利害關係人做一對一的溝通，表達解決問題的意願，但不急著做出承諾，除非極有把握。永遠不要忘記，最關鍵的利害關係人是你的直屬主管，務必確保彼此認知一致，溝通順暢。

第三、協調期待：當理解利害關係人的期待後，通常會發現彼此之間有衝突，或是得處理優先順序的問題，此時溝通技巧就變得非常重要了，而這也是我在步驟二中提到「不要急著做出承諾」，因為理解期待之前，你並不知道是否會跳票。這件事的難度相對高，三言兩語難以道盡，但本書內有著非常詳盡的說明。

第四、適應公司文化：經過多次會議、跟關鍵利害關係人，以及資深員工談過後，你開始了解組織文化，看看他們如何處理衝突？如何談論老闆？如何談論彼此？如何開會？做事的方法等等。等你理解環境後，你要做的不是衝擊它，而是理解它、適應它。

短期內，不宜對公司文化發起太大的挑戰，但公司文化也並非難以撼動，我會從做事方法先做起，讓大家了解有更好的做法，然後願意採用，當他們採用了新方法，行為產生改變，而文化也會過程中一點一滴的產生變化。

空降或新手主管可以在到職的關鍵九十天內，花時間在理解現狀，建立人脈網絡，並在相對小的地方做出一點點貢獻，撬動他人的信任感，讓自己順利著陸。

推薦序3

領導，從「得知接任新職」開始

思享公司亞太區業務總監暨招募顧問、蓋洛普全球優勢認證教練／林沂萱

相信每一位新任管理者在進入外部新企業、或內部新組織時，都會期待好好發揮價值，期許以最快速度得到正面評價。無論是被期待做為救火隊、提升績效的魔法師、或重建即戰團隊，其核心不變的主要任務就是「貢獻所能」，有效地遷移成功模式。

只不過實際上做出貢獻前，可能會先遇到幾個關鍵挑戰。如果沒有好的技巧應對，可能導致手腳難伸，並失去信任的機會。例如：對組織文化的不了解、無法掌握溝通管道，帶著既有觀點到職、抱持「正確答案」前來，或者一次挹注過多的資源、蠟燭兩頭燒……等。如同本書的精巧譬喻「加入新公司就像器官移植，你就是新器官。如果適應新環境時考慮不夠周詳，可能被組織的免疫系統攻擊和排斥。」這除了是作者以顧問角度長期經驗彙整以外，同時也是我身為中高階獵頭與企業教練親眼見到的挑戰。

我常深感管理是一門終身的藝術，管理者需要在「對」與「錯」之間做出權衡決策，這

更需要強大的心智切換、自我覺察與適應韌性做為基石，才能一路走向挑戰自己潛能的終極旅程。慢慢地從「管理者」（Manager）走向「領導者」（Leader）之途，這不單只是磨練所謂「權力職責」（Position Power）而已。

想要成為真正的領導者，好的準備，只是成功的一半，還準備必須從「得知可能接任新職」的那一天開始，才夠成熟去承接到職後的考驗。也幸好有本書，提供了結構化的思考脈絡，讓我們能擁有眼觀八方，耳聽四方的心理預備，能從外顯因素的「點」，串連到思考的「線」，一直到能羅織成行動方案的「面」。

我相當認同本書所強調的「規畫」以及「開放」，我為企業雇主延攬中高階人才時，總會特別從個人領導力、帶人應用場景，更細緻地去側寫候選人的人格特質，或者到職後可能交互影響的變因，這都將高度影響到職後雙方合作的品質，以及是否能在「九十天」內良好地融入組織，形塑出新的應對姿態，再到施展個人的價值。

我相信職場工作者能透過本書，在文化、制度、團隊、利害關係人等各層面，為自己到職前做好預備工作。對於初當主管的職場工作者來說，這將會是好的墊腳石；對於身經百戰的主管來說，亦可提供新的靈感線索。本書經過十年淬煉，並濃縮成字字金句，亦期待各位在閱讀本書後，能在領導之路開闢出一條新做法，透過自身實踐持續產出正面的影響。

從新主管到頂尖主管

CONTENTS

CONTENTS

獻給我美麗的孩子

艾登（Aidan）

梅芙（Maeve）

奈爾（Niall）

序

十週年紀念版

十年間的變化實在很大。二〇〇一年，我著手撰寫《從新主管到頂尖主管》，那時還沒有太多探討如何熟悉新職、協助新主管走馬上任的資料（接下來的篇章裡，我將這段時期稱作「領導人轉職過渡期」）❶。我當時在哈佛商學院教授談判與企業外交課程，也在一九九九年和丹．西恩帕（Dan Ciampa）合著《一開始就做對》❷（*Right from the Start*）這本探討高階主管轉職過渡期的書，評價還算不錯。不過哈佛商學院的同事紛紛向我提出忠告，他們認為進一步鑽研這個主題，對我的職業生涯來說實在太冒險。

我雖然感謝他們的建議，不過最後還是決定寫這本書。領導人轉職過渡期實在太有趣，研究這個主題的時機也已成熟。無論從學術或實用的角度來看，這幾乎是未開墾的領域。此外，一九九九年年底，《一開始就做對》出版後不久，嬌生集團（Johnson & Johnson）的企業管理發展團隊就邀請我替他們設計研討會和輔導流程，協助公司的新主管加速適應。過沒多久，這項計畫就演變為愉快的合作關係，嬌生公司也成了我發展與執行想法的測試平台。

《從新主管到頂尖主管》是我和全球各地數百名副總裁與總監層級的領導人，合作大約兩年半萃取的精華。本書包含《一開始就做對》的部分基本概念，例如加速學習、確保初期成效，以及建立盟友的重要。不過，這些概念經過強化、測試和調整，打造成實用的框架和工具，能夠幫助各層級的主管加速適應轉職過渡期。

這樣的精華，融合了概念、工具、案例和實際建議，正好符合轉職過渡期領導人的需求。我看著二〇〇三年十一月出版的這本書，銷售數字如火箭般飆升，感覺實在很棒。二〇〇四年夏天，這本書登上《商業週刊》（*Business Week*）的暢銷書榜單，並持續上榜十五個月。這段時間，我恰好從哈佛離職，這促使我決定不再另覓教職，而是和友人共同成立領導力發展公司：創世紀顧問公司（Genesis Advisers），致力輔導企業協助員工適應新職。

即使一開始大受歡迎的商業管理書籍，通常只能暢銷個一、兩年，接著就漸漸乏人問津。不過，《從新主管到頂尖主管》暢銷了十年，迄今英文版已售出將近八十萬本，其中包括二〇一一年的七萬五千本。過去十年，這本書一直在《哈佛商業評論》（*Harvard Business*

---

① 據我所知有兩個例外：約翰・賈巴洛（John J. Gabarro）的《管理動態學》（*The Dynamics of Taking Charge*），波士頓：哈佛商學院出版社，一九八七年出版，以及琳達・希爾（Linda Hill），《邁向經理人之路》（*Becoming a Manager: How New Managers Master the Challenges of Leadership*）第二版，波士頓：哈佛商學院出版社，二〇〇三年出版。

② 丹・西恩帕與麥克・瓦金斯合著的《一開始就做對》，波士頓：哈佛商學院出版社，一九九九年出版。

Review Press）的暢銷書榜上，並翻譯成二十七種語言，另外也是哈佛商業評論出版社屢屢獲獎的線上學習工具「領導人轉職過渡期」（Leadership Transitions）的基礎。❸

長期銷售的佳績，讓《從新主管到頂尖主管》有資格名列「經典商業書」。不過我老覺得「經典」似乎散發一股霉味，所以這個稱譽始終讓我有些不自在。儘管如此，我還是倍感榮幸，能夠在二〇〇九年，在傑克·柯弗特（Jack Covert）與陶德·塞特斯坦（Todd Sattersten）的仔細篩選下，被商業書評網「800-CEO-READ」列入有史以來一百本最佳商業書籍。這樣的殊榮不僅認可書中觀點恆久的影響力，也讓我們看到，**每個世代的領導人都希望了解如何順利接掌新職**。

《從新主管到頂尖主管》這麼受歡迎，是因為公司對人才管理、新員工到職，以及執行長交班的興趣越來越濃厚，本書也是點燃這股興趣的推手。創世紀顧問公司一開始和嬌生集團合作，就同時著重於協助新進員工與內部升職的員工快速適應。我至今仍然相信，我們不該只關注新員工到職，而是要協助所有轉換職位的員工。不過，對於新員工到職的興趣，的確推動這個領域的發展，這是因為人才爭奪戰越來越激烈，加上工作脫軌、績效不彰和留不住新進人員必須付出的高昂成本更為顯而易見。因此數以千計家公司開始採用《從新主管到頂尖主管》的概念來培訓新進員工。除了創世紀顧問公司為客戶規畫的課程，許多公司的人力資源部門也汲取、應用《從新主管到頂尖主管》介紹的概念和工具。二〇〇六年，《經濟學人》將《從新主管到頂尖主管》譽為「轉職聖經」❹。近年來，這個領域日趨成熟，許多大型會議都專門探討到職和加速轉職調適。

當然，我個人的想法在過去十年裡也不斷成長，所以在新版本中做了不少修訂。我仍然持續研究、協助轉職過渡期的領導人，並將實際經驗與發現轉換為更好的框架和工具。主要的後續作品包括：

- 《形塑遊戲規則》（*Shaping the Game*），哈佛商業評論出版社，二〇〇六年出版，本書主要在探討領導人如何運用談判和影響力原則，順利接掌新職。[5]
- 《政府部門的主管關鍵九十天》（*The First 90 Days in Government*），這是專門針對政府部門的版本，與退休的財政部高級官員彼得·戴利（Peter Daly）以及凱特·里維斯（Cate Reavis）共同撰寫。[6]

---

③ 麥克·瓦金斯，〈領導人轉職過渡期3.0版本〉（*Leadership Transitions Version 3.0*），波士頓：哈佛商學院出版社，二〇〇八年發行。這項線上學習工具獲得二〇〇一年布蘭登·霍爾集團（Brandon-Hall Excellence）表現導向設計類別的線上學習銀獎。

④ 《經濟學人》二〇〇六年七月十三日刊出的〈高階主管走馬上任：棘手的前一百天〉（Executive Onboarding: That Tricky First 100 Days）。

⑤ 麥克·瓦金斯，《形塑遊戲規則：新領導人有效談判指南》（*Shaping the Game: The New Leader's Guide to Effective Negotiating*），波士頓：哈佛商學院出版社，二〇〇六年出版。

- 〈高層主管走馬上任三大原則〉❼（The Pillars of Executive Onboarding），《人才管理雜誌》（*Talent Management*）二〇〇八年十月號的文章，討論接任新職的重要任務：熟悉業務、協調期望、尋求一致、文化適應和建立政治人脈。
- 《下一步，成功》❽（*Your Next Move*），哈佛商業出版社（Harvard Business Press），二〇〇九年出版，強調領導人轉換職務時，必須區分組織變革和個人適應的挑戰，並且探討不同類型的職務轉換，例如升職、領導以前的同事、加入新組織和外派。
- 〈新官上任就上手〉❾（Picking the Right Transition Strategy），二〇〇九年一月在《哈佛商業評論》發表的文章，進一步延伸《從新主管到頂尖主管》第一版提出的「STARS」框架（新創事業、徹底改造、加速成長、調整重組和維持成功），討論如何配合不同情境運用轉職過渡期的策略。
- 〈從經理人變領導人〉❿（How Managers Become Leaders），二〇一二年六月在《哈佛商業評論》發表的文章，針對從領導一個部門轉換到掌管一整間企業的經歷，歸納出「七大轉變」。

過去八年內，我以本書為基礎，為創世紀顧問公司的客戶開發出好幾代產品，這些經驗都深深影響了我的想法。近期產品包括最新版本的加速調適指導流程、涵蓋線上分組討論的網路研討會，以及協助醫師從臨床看診或研究機構轉換到商業環境的專門課程。

⑥ 彼得・戴利、麥克・瓦金斯、凱特・里維斯合著的《政府部門的主管關鍵九十天》（*The First 90 Days in Government: Critical Success Strategies for New Public Managers at All Levels*），波士頓：哈佛商學院出版社，二〇〇六年出版。

⑦ 麥克・瓦金斯，〈高層主管走馬上任三大原則〉，二〇〇八年十月發表於《人才管理雜誌》。

⑧ 麥克・瓦金斯，《下一步，成功》（*Your Next Move: The Leader's Guide to Navigating Major Career Transitions*），波士頓：哈佛商學院出版社，二〇〇九年出版。

⑨ 麥克・瓦金斯，〈新官上任就上手〉（Picking the Right Transition Strategy），《哈佛商業評論》，二〇〇九年一月號，第四十七頁。

⑩ 麥克・瓦金斯，〈從經理人變領導人〉（How Managers Become Leaders: The Seven Seismic Shifts of Perspective and Responsibility），《哈佛商業評論》，二〇一二年六月號，第六十五頁。

⑪ 絕佳的例子包括鮑瑞思・葛羅伊斯堡（Boris Groysberg）與羅賓・亞伯拉罕斯（Robin Abrahams）合力撰寫的〈轉職五大敗筆〉（Five Ways to Bungle a Job Change），《哈佛商業評論》，二〇一〇年一月號，第一百三十七頁；基斯・羅拉格（Keith Rollag）、薩維多・派瑞斯（Salvatore Parise）和羅布・克洛斯（Rob Cross）合著的〈協助新人快速上手〉（*Getting New Hires Up to Speed Quickly*），《麻省理工學院史隆管理學院評論》（*Sloan Management Review*），二〇〇五年一月十五日；尚-弗杭索瓦・曼佐尼（Jean-Francois Manzoni）與尚-路易・巴梭（Jean-Louis Barsoux）的〈新領導人：及早阻止急轉直下的表現〉（New Leaders: Stop Downward Performance Spirals Before They Start），發表於哈佛商業評論部落格網路（HBR Blog Network），二〇〇九年一月十六日，http://blogs.hbr.org/hmu/2009/01/new-leaders-stop-downward-perf.html。高階人才招聘公司也做過許多相關調查，包括執行長交接過渡期方面，都有相當扎實的研究。

⑫ 這些觀點在《從新主管到頂尖主管》第一版本中皆有介紹。

⑬ 請見丹・西恩帕與麥克・瓦金斯合著的《一開始就做對》第一章。

⑭ 請見麥克・瓦金斯，《下一步，成功》的前言。

令我開心的是，《從新主管到頂尖主管》以及我後續的工作，引發許多人對轉職過渡期的研究和實際應用產生興趣，進而出現不少傑出的原創研究和作品。[11]除此之外，由於模仿是最由衷的讚美，所以我很高興看到其他業者和顧問採用我的許多概念、工具和術語，例如STARS框架、轉職過渡期陷阱、確保初期成效[12]、「模糊前端」（Fuzzy Front-end）（也就是確知獲聘到正式上任那段期間，由我與丹．西恩帕共同構思而成）[13]，以及評估轉職過渡期的風險，必須區分是組織變革的挑戰，還是個人在適應上的挑戰[14]。

過去十年是一段美好的歷程，為此，我要感謝許多人的幫助。首先是對我發展初期概念與實際應用影響最深的兩個人：和我合著《一開始就做對》的丹．西恩帕與我的另一半Shawna Slack；再來是《哈佛商業評論》出版社的編輯和發行人，尤其是Jeff Kehoe，在寫作的過程一直給予我鼓勵、指導和建議；另外也非常感謝創世紀顧問公司主要客戶對我們的支持，他們願意相信、投資我們，尤其是聯邦快遞（FedEx）的Becky Atkeison與她的同事，以及嬌生集團的Inaki Bastarrika、Ron Bossert、Carolynn Cameron、Michael Ehret、Ted Nguyen和Doug Soo Hoo。最後，我衷心感謝創世紀顧問公司的員工，謝謝他們那麼努力工作，尤其是協助我編輯書稿的Kerry Brunelle。

前言
前九十天

美國總統有一百天的時間證明自己，你只有九十天。接任新職前幾個月所採取的行動，幾乎會左右你的成敗。

接任新職失敗，可能導致原本前途似錦的職業生涯就此畫下句點，但是成功接任新職不是避免失敗就好，領導人若是脫離軌道，問題幾乎都能追溯到接任新職前幾個月形成的惡性循環。除了一敗塗地的領導人，還有許多主管雖然倖存，卻沒有意識到自己還有很多潛能沒有好好發揮，因而錯失發展個人事業與協助組織成長的大好機會。

轉職過渡期為何那麼重要？我曾針對一千三百多名高階人力資源主管進行調查，幾乎九〇%的人同意「轉換新職是領導人職業生涯最具挑戰的時刻」⑮，另外有將近四分之三的人

⑮ 來自我與瑞士洛桑國際管理發展學院合作，針對一千三百五十名人力資源主管進行的調查，先前收錄在我的另一本著作《下一步，成功》，波士頓：哈佛商學院出版社，二〇〇九年出版。

同意「前幾個月成功與否，最能預測最終成敗」，因此，即使接任新職前幾個月表現不佳，不一定等於失敗，只是成功的可能性偏低。

接任新職的好處是你有機會重新開始，並在組織中推動必要的改變，但是這個階段也格外危險，因為你缺乏既有的人脈，也對新職務沒那麼了解。你的一舉一動都被放到顯微鏡下嚴格檢視，周遭所有人都想探查你的底細，也想知道你將如何領導。他們以快到驚人的速度判定你的工作成效，而且定論一旦形成，就很難改變。如果你能建立信譽、及早創下佳績，這樣的勢頭就可能在接下來的任期內成為推動你前進的力量，但是，如果一開始就讓自己陷入困境，往後的日子就得在逆勢中艱苦奮戰。

培養轉職的適應能力

在同一間公司（甚至兩、三間公司）長時間工作，已逐漸成為過去式。領導人會經歷許多次職務轉換，因此快速適應新角色的能力是很重要的技能。創世紀顧問公司、《哈佛商業評論》和瑞士洛桑國際管理發展學院（International Institute of Management Development）曾合力進行一項研究（以下簡稱Genesis & HBR & IMD研究），調查對象是五百八十位主管，平均有十八．二年的專業工作經驗⓰。結果顯示，領導人獲得升遷的平均次數是四．一次，在不同職能部門間調動（例如從業務到行銷部門）一．八次，加入新公司是三．五次，在同一間企業的不同業務單位調動是一・九次，因換工作而搬家是二・二次。加總起來，每一名領導人一共將經歷十三・五次重要的職務轉換，等於每一・三年就有一次。正如後文會提到的，其中一些職位轉換可能同時發生，不過此處的含義很明顯：**所有成功的職業生涯，都是由一系列成功的職務組成，而每一項成功的職務，都是由成功的轉職過渡期開始**。

除了這些明顯的里程碑，領導人也會經歷多次沒那麼明顯的職務轉換，這類轉換發生在領導人的角色和職責產生重大變化，但是職稱沒有相應改變的時候。這種情況屢見不鮮，通常是因為組織快速成長、重組改造或併購。隱形起來的轉換期尤其危險，因為領導人不一定察覺得出來或不夠重視。**最危險的職務轉換就是你沒有意識到正在轉換**。

領導人也會受到身邊其他人轉換職務影響。在典型的《財星》（*Fortune*）五百大公司中，每年有大約四分之一主管更換工作[17]，**每一次的職務轉換，都會影響到十幾個人的表現，包括上司、同事、直屬部屬和其他利害關係人，也就是會影響組織目標或受組織影響的團體或個人，包括股東、員工、顧客、供應商、經銷商等等**[18]。所以即使你本身的職務沒有更動，也可能受到其他人影響。若想確認這點，只要想一想，身邊有哪些人正經歷前九十天

⑯ 創世紀顧問公司、哈佛商業評論和國際管理發展學院於二〇一一年進行的未公開線上調查。

⑰ 我在二〇〇〇年針對《財星》雜誌五百大企業高級人資主管進行的調查，結果發表在《從新主管到頂尖主管》的第一版。

適應期。數字可能多到令你驚訝。

問題在於，儘管市面上很多探討有效領導的著作和文章，卻很少針對如何快速適應新職或職業生涯轉換的研究和書籍。許多人面臨這些重大的考驗，幾乎毫無準備，也找不到可靠的知識或工具。本書的目的就是為讀者提供這些資訊。

達到損益平衡點

每一次轉職過渡期，目標都是盡快達到損益平衡點，也就是為新組織貢獻的價值等於你消耗的價值。如圖I-1所示，新上任的領導人一開始只會消耗價值，隨著不斷學習和採取行動，才開始創造價值。到達平衡點後，他們應該就會開始貢獻價值。

我們詢問兩百多位公司執行長和總裁，請他們估計由內部升職或從外部聘請的中級主管，需

圖 I-1　損益平衡點

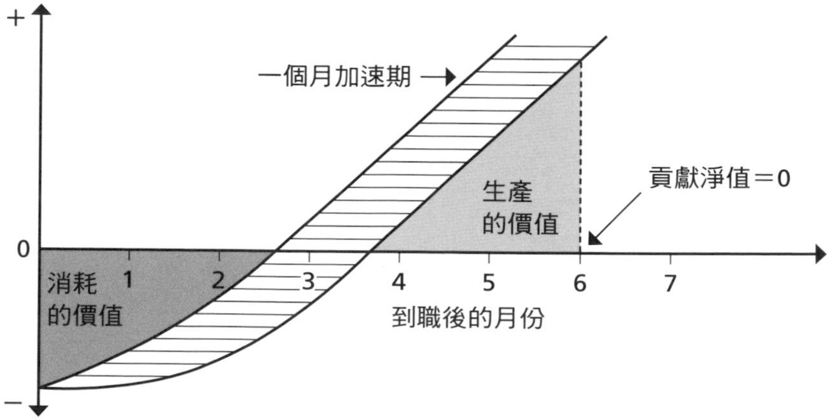

要多久時間才能達到損益平衡點，答案平均是六．二個月[19]。當然，到達平衡點所需的時間可能有很大差異，如果接手的是爛攤子，也許一宣布任命，你就開始創造價值，如果是從外部進入績效卓越的組織，則可能要花一年，甚至更長時間才能有所貢獻。不過儘管時間長短不一（我也會深入探討各種情境的挑戰），目標卻是一致：盡可能在最短時間內達到損益平衡點。

本書提供藍圖，讓你大幅度縮短抵達平衡點的時間，而且任何層級都適用。事實上，根據獨立研究證明，只要嚴格遵循本書介紹的基本原理，可以縮短高達四〇％的時間[20]。

---

⑱一個人經歷轉職過渡期，會對許多人造成負面影響，包括上司、部屬、同事。我在二〇〇九年針對公司總裁與執行長做過調查，請他們估計一名新上任的中級主管會影響多少人的表現，得到的答案平均為十二．四人。

⑲我在二〇〇〇年針對《財星》雜誌五百大企業高階人資主管進行的調查，結果發表在《從新主管到頂尖主管》的第一版。

⑳此項研究是由兩間創世紀顧問公司的客戶主持，其中一間是《財星》雜誌一百大醫療保健公司，另一間是《財星》雜誌五百大金融服務公司。兩者都採用表現提升的主觀感受，以及基於保守薪資標準計算的投資回報率（ROI）。跨國醫療保健公司在二〇〇六年進行的調查，是針對一百二十五名參與轉職過渡期課程或接受指導的人員，參與課程的員工表示他們的表現提升了三八％，而接受指導的高層主管認為他們的表現提升四〇％，投資回報率約為一四〇〇％。金融服務公司則是在二〇〇八年，評估五十名參與「從新主管到頂尖主管」計畫的人員達到損益平衡點的時間，參與者到達平衡點的時間平均縮短一．二個月，僅根據薪資成本估算此計畫的投資回報率約為三〇〇％。

避免轉職過渡期的陷阱

你也許和大多數領導人一樣，透過實做經驗學習如何適應轉職過渡期——不停嘗試、犯錯，然後取得成效。在過程中，你找出一些管用的方法，至少到目前為止是如此。不過在某些情況下有用的方法，遇到其他情況很可能行不通，或許等你領悟到這點，已經太晚了。這就是我們為什麼要遵循一套全面的框架，來自於不同領導人遇到各種情況的經驗。

我和經驗豐富的領導人訪談，並根據Genesis & HBR & IMD研究，歸納出以下轉職過渡期常見的陷阱。檢視下列陷阱時，請回想自己的經歷。

- **墨守成規**：你相信接任新職後，只要繼續沿用同一套策略，或是加倍努力去做，就一定能奏效。沒有發現自己必須揚棄某些習慣、開發新能力。
- **認為自己「勢在必行」**：你覺得自己非得採取行動不可；你求好心切、操之過急地想要在組織留下自己的印記。你忙到沒時間學習，因而做出錯誤決定，推動的計畫得不到支持。
- **不切實際的期望**：你沒有協調任務內容或建立具體目標。你的表現也許不錯，卻無法滿足上司與其他相關人士的期望。
- **同時做太多事**：你像多頭馬車一樣啟動各種計畫，希望其中一部分能看到成果，反而讓別人搞不清楚狀況，也無法針對重要計畫投注關鍵資源。

- **帶著「正確」答案前來**：你上任前就打定主意，或者太快就決定「問題」出在哪裡，也太快找出「解決方案」。原本能幫助你了解情況的人因此疏遠你，你也錯失取得支持的機會。
- **採用錯誤的學習方式**：你花太多時間專注於學習工作上的技術，卻沒有投入夠多時間了解文化和政治層面。你沒有培養必備的公司文化洞察力、人際關係和訊息管道，難以了解真實情況。
- **忽略橫向關係**：你過度關注垂直關係（上司與直屬部屬），卻沒有花夠多時間處理與同事和其他利害關係者的橫向關係。你沒有完全掌握成功的必備條件，也錯過一開始結交盟友的時機。

你是否曾經誤觸這些陷阱，或是看到別人犯下類似錯誤？現在請思考你的新職務，有沒有可能遇到這些陷阱？為了避免偏離目標，讓自己更快達到損益平衡點，轉換職務時請牢記這些陷阱。

圖 I-2　轉職過渡期的惡性循環

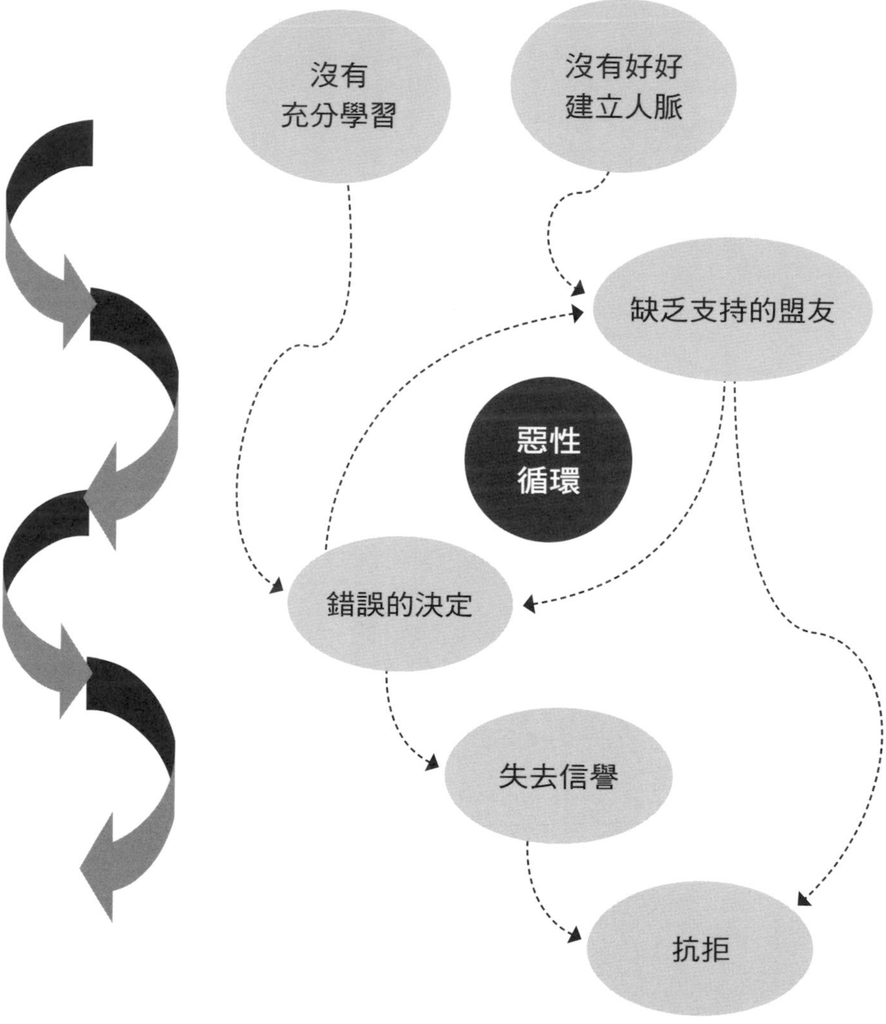

創造動力

以上的每一個陷阱都會形成惡性循環（請見圖I-2），例如一開始沒有用對方法學習必要資訊，就可能做出錯誤決定，聲譽因此受損。然後，由於人們不信任你的判斷，你就更難得知重要資訊，你得耗費大量精力彌補之前的過失，情勢迅速惡化。

但是你的目標不是只避免惡性循環就好，而是要建立良性循環，才能創造前進的動力，讓效能不斷提升（請見圖I-3）。

例如以正確學習為基礎而做出的良好決策，可以提升你的聲譽；他人相信你的判斷力，你的學習效果隨之增強，遇到困難問題時，你也能做出扎實的決策。

快速適應新職的首要目標是建立良性循環、創造前進的動力，同時避免陷入影響聲譽的惡性循環。領導最重要的就是運用影響力和借力使力。畢竟你只有一個人，為了取得成效，你必須動員組織裡許多人的力量。只要做對了，你的願景、專業知識和動力，就能推動你前進，並擴大影響力；如果做錯了，就會陷入負面循環，你很難從中逃脫，甚至無法脫離。

了解基本原則

轉職失敗的根本原因幾乎都出在領導人的優點和缺點未能配合新角色的機會和陷阱。失

圖 I-3　轉職過渡期的良性循環

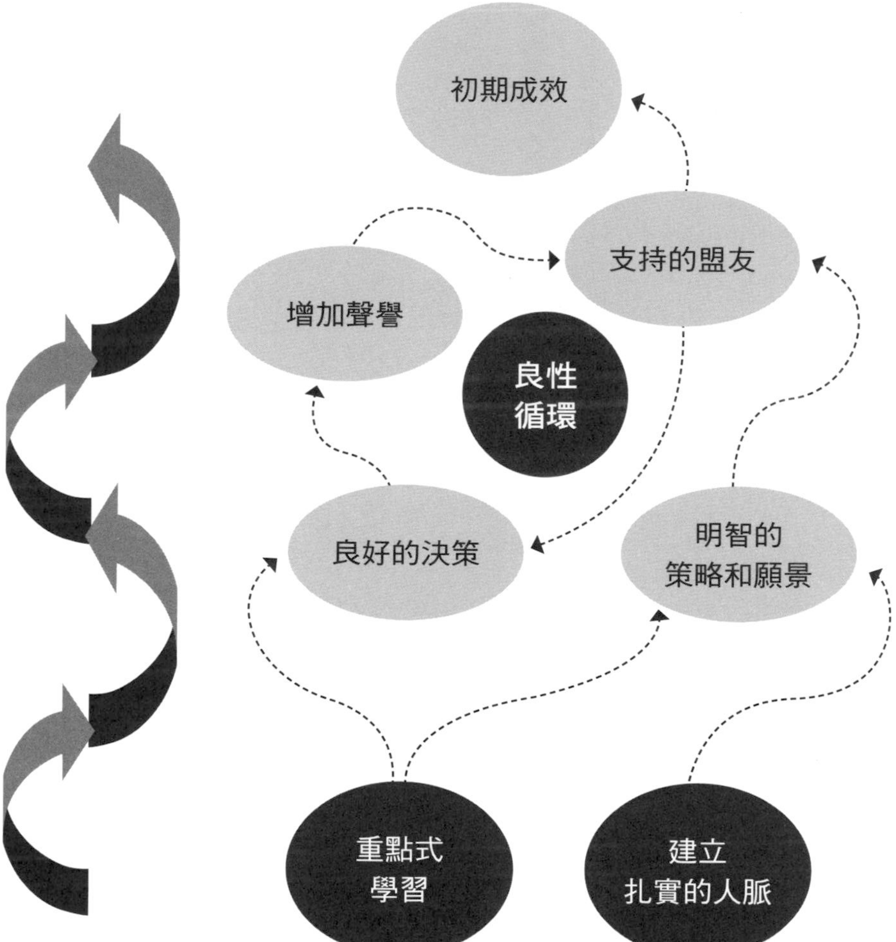

敗絕不只是因為新主管有什麼缺點，事實上，我研究過所有失敗的領導人，過去都曾有傑出的表現；失敗也不是因為局勢毫無勝算，即使超群絕倫的領導人都無法扭轉。那些偏離軌道的領導人，遇到的困難並不比表現出色的領導人多。轉職失敗，不是因為新上任的領導人誤解形勢，就是缺乏適應的技能和彈性。

好消息是，你可以按照一定的原則降低失敗機率、更快達到損益平衡點。領導人接任新職，可能要面對各式各樣的經營狀況，不過某些情境（例如新創事業和徹底改造），都有共通的特質和必做的事。此外，一些基本原則是所有層級的新主管都適用，例如及早做出成績。接下來的關鍵就是找出適合當下情況的策略。

十多年的研究和實際經驗告訴我們，每個人都有辦法快速適應新職。只要做對的事，包括下列轉職過渡期的基本任務，就能在短時間創造前進的動力，協助你取得更遠大的成就。

- **做好準備**：意思是在心態上必須脫離前一份工作，為接任新職做好準備。你面臨的最大陷阱很可能是以為到目前為止讓你成功的因素，以後也一樣管用。你固守既有的做事方法，拼命努力，結果一敗塗地。
- **加速學習**：你必須盡快跟上新組織的學習曲線，意思是了解市場、產品、技術、制度、架構，以及組織文化和辦公室政治。熟悉新組織的過程就像從消防水管喝水，你必須條理分明、全神貫注，才能決定自己要學些什麼以及最有效的學習方法。

- **根據情況調整策略**：你必須依據當下情況，調整轉職過渡期的計畫與執行方式，例如創立新產品、流程、工廠或業務，與徹底改造問題重重的產品、流程或工廠，面臨的挑戰就截然不同。若想制定行動計畫，前提是必須準確判斷當下情境。
- **及早創下佳績**：一開始的績效有助於建立聲譽，同時創造前進的動力。初期成效可以帶來良性循環，讓你借力使力，運用投入組織的能量，營造出「好事正在發生」的氛圍。最初幾週內，你要找出可以建立個人聲譽的機會，並在前九十天找出創造價值、改善經營績效的方法，讓你更快達到損益平衡點。
- **透過協議爭取成功的條件**：工作上最重要的關係就是與上司的關係，所以你必須思考如何與新上司互動，另外也要協調他對你的期望，也就是仔細規畫一連串有關情境、期望、工作風格、資源和個人發展的重要對話。更重要的是，你必須制定九十天計畫、和上司達成共識。
- **達成一致**：在組織裡爬得越高，就越得扮演建築師的角色，意思是了解組織的策略方向是否正確、組織結構是否符合策略，並規畫執行策略所需的流程與基本技能。
- **打造你的團隊**：如果你是接手既有團隊，就必須評估、協調和動員團隊成員，你也可能得根據情勢重組團隊。無論在轉職過渡期或之後，成功最重要的驅動力，便是能夠及早做出困難的人事決定與適材適用。你必須條理分明、深謀遠慮，才能化解打造團隊的挑戰。

- **建立盟友：**一個人能否成功，取決於他是否影響直屬部屬以外的人。若想實現目標，就必須取得各方面的支持。因此你應該立即著手確認哪些人的支持至關重要，並思考如何讓他們和你站在同一陣線。
- **保持平衡：**接任新職期間，無論個人生活或職業生涯都會經歷劇烈動盪，你必須盡量保持平衡、維持良好的判斷力。在這段期間，你隨時可能迷失方向，變得孤立無援，因而做出錯誤決定。有很多方法可以幫助你快速通過這段時期，同時提高對工作的掌控。合適的諮詢網路是不可或缺的資源。
- **協助所有人加快腳步：**最後，你需要協助組織所有人加速適應，無論是直屬部屬、上司或同事。你經歷轉職過渡期，代表他們也要適應。直屬部屬越快跟上腳步，你的表現也會越好。除此之外，有系統地協助所有人快速適應，會為組織帶來極大效益。

我會在接下來的篇章以案例說明，並提供可以做為實際行動的準則與工具，協助你達成這十項任務。無論你在組織的層級高低，或是面對哪一種情境，都能學會如何判斷情況、按照需求制定行動計畫。在過程中，你就能建立有助於快速適應新職的九十天計畫。

評估轉職過渡期的風險

第一步是診斷轉職過渡的類型。無論你正準備面試新工作，還是已經接受新職，都可以開始運用這裡介紹的基本原則。**內部升職和加入新組織是最常見的轉職類型**。

不過大多數主管接任新職，會同時經歷不同類型的轉變，例如加入新公司並搬到不同的工作地點，或者獲得升職、從單一職能轉變為跨職能主管。事實上，我們曾針對高層主管調查，結果顯示他們最近一次接任新職，平均經歷二．二個變化（例如獲得升職、加入新公司、到不同部門、搬家）[21]。

轉職過渡期的挑戰與脫軌的風險也因此提高。所以你必須了解自己正經歷哪些類型的轉職過渡期，並找出其中最大的挑戰。最簡單的方式就是填妥表I-1的「轉職過渡期風險評估表」來分析。

規畫接任新職的前九十天

從得知可能接任新職的那一刻，轉職過渡期就開始了（轉職過渡期的重要里程碑請見圖I-4），何時結束則取決於你面對的情境。無論經歷哪一種轉職類型，大約三個月後，組織裡的關鍵人物，包括你的上司、同事和直接部屬，通常會期待你做出些許成績。

表 I-1　轉職過渡期風險評估表

為了順利接掌新職，請使用「轉職過渡期風險評估表」找出轉職的風險。首先在中間那列勾出你正在經歷的轉職類型，然後對於打勾的項目，以1到10分按照轉換的難度給分，1分代表非常容易，10分代表非常困難。把右側欄位的數字加總起來，就是轉職過渡期風險指數（最高為100分）。根據這個指數，你就能判斷挑戰的難度以及重心應該放在何處。

轉職過渡類型	勾選所有符合的項目	評估相對難度（1–10）
轉換行業或專業		
加入新公司		
調到同一間公司的不同部門或團隊		
獲得升遷		
領導以前的同事（假設是內部升職）		
轉調到另一個部門（例如從業務轉到行銷）		
首次擔任跨職能主管		
搬家		
搬到另一個國家或體驗截然不同的文化		
必須同時處理兩份工作（新工作已經展開，舊工作還在收尾）		
接下新成立的職位（相對於既有職位）		
加入正經歷重大變革的組織		

圖 I-4　轉職過渡期的重要里程碑

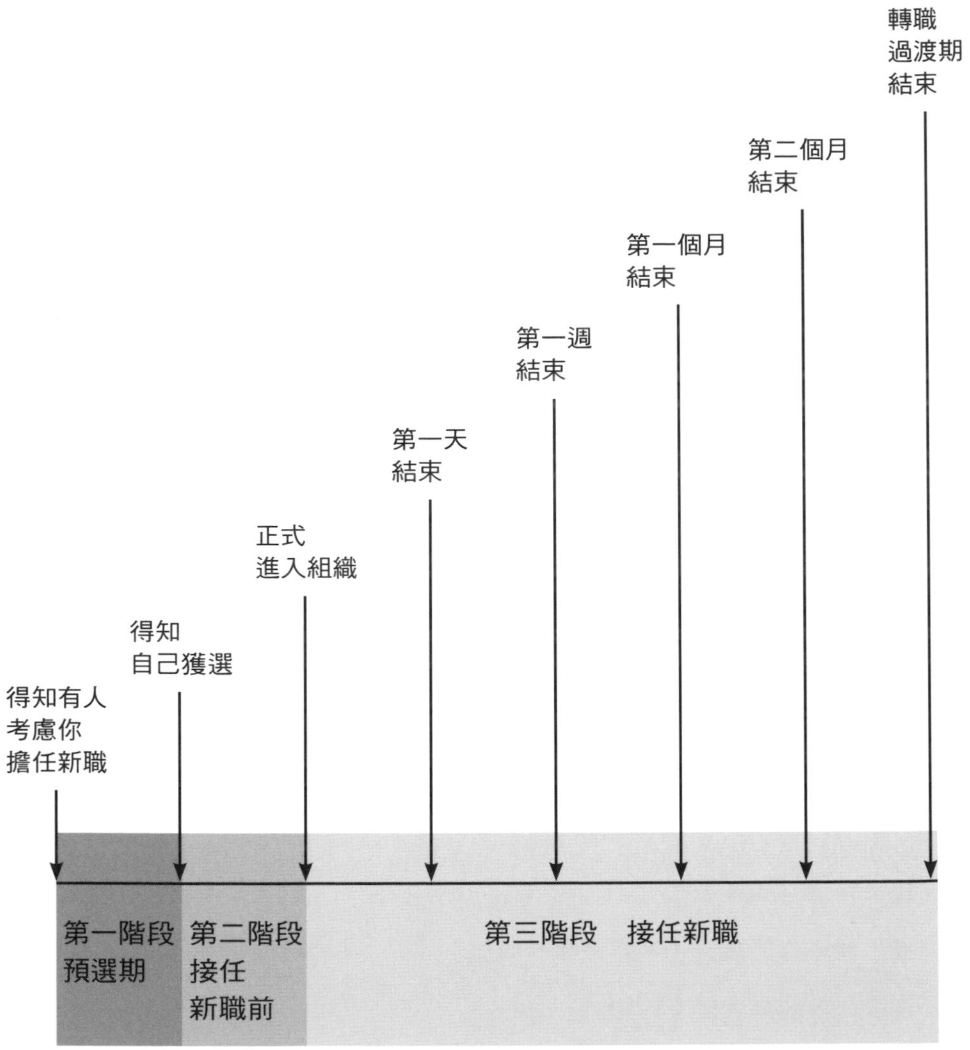

所以你要制定九十天計畫，要求自己在一定期限內適應新職。幸運的話，在得知獲得考慮到實際上任之間，你也許有時間提前準備，可以運用這段時間了解組織。

無論有多少準備時間，你都要開始規畫希望達成的具體目標，即使上任前只花幾小時做計畫都很有幫助。首先是思考要如何利用上任的第一天。你希望那天結束之前做到什麼？然後是第一週，接著是第一個月、第二個月，最後是第三個月結束時。這些都是粗略的計畫，但是光是開始做計畫，就對釐清思緒很有幫助。

這本書適用於所有新領導人，包括任何階層的領導人，從一線主管到公司執行長，加速適應的基本原理對不同層級的主管都有幫助。所有接任新職的領導人都必須快速熟悉新組織、及早創下佳績、建立支持的盟友。所以你可以把這本書當成指南，將書中的原則轉化為符合個人情況的計畫。你應該一邊思考、一邊閱讀，根據所處情況，記下適用的要點，並思考如何將書中的建議融會貫通。

㉑ 麥克．瓦金斯在二〇一〇與二〇一一年針對兩屆哈佛商學院綜合管理在職專班（Harvard Business School General Management Program，GMP）進行的未公開調查。

檢查清單

每一章的結尾都附有這樣的清單，幫助你整理主要內容、實際運用，除了讓你從面試時就知道該如何準備，也讓你上任後能夠快速適應。

1. 你要怎麼做，才能更快到達損益平衡點？
2. 你可能遇到哪些陷阱？如何避免？
3. 接任新職後如何建立良性循環與前進的動力？
4. 你正經歷哪些類型的轉職過渡期？哪些最具挑戰性，為什麼？
5. 你的九十天計畫包含哪些關鍵元素和里程碑？

第 1 章

做好到任前的準備

茱莉亞．古德（Julia Gould）在一間領先業界的消費電子公司行銷部門服務了八年，前陣子獲得拔擢，領導一項重要的新產品開發專案。在此之前，她的表現一直相當出色，她的才智、專注和決心不僅讓她贏得認可，也使她很早就受到提拔。公司認為她極具潛力，打算讓她快速升職，擔任高階領導職務。

古德的新職位是公司一項熱門新產品的執行經理，負責協調跨部門團隊，成員來自行銷、銷售、研發、製造等各部門。此團隊的目標是將產品從研發轉換到生產、提升產能，並簡化將產品引入市場的流程。

但是古德在一開始就遭遇到困難。她之前在行銷部門表現優異，是因為做事非常仔細。由於她習慣威權式管理與發號施令，因此控制欲很強，也管得太細。她繼續掌握最後決策權，團隊成員一開始默不作聲，但是過沒多久，兩名重要成員開始挑戰她的知識和權威。她覺得有點受傷，便把重心轉向自己最擅長的領域：產品上市的行銷層面。她對行銷團隊鉅細靡遺的管理方式，導致與團隊成員的關係越來越疏離。一個半月後，古德回到行銷部門，團隊換人領導。

古德之所以失敗，是因為她沒有從出色的職員轉型為跨部門專案領導者的角色。她沒有意識到之前讓她在行銷部門表現傑出的優勢，到了這個不能仰賴直接權威或專業知識領導的職位，反而成了負擔。她沿用熟悉的老方法，並因此深具信心，認為自己掌控全局。當然，結果剛好相反。她沒有拋開過去、完全投入新角色，白白錯失在組織裡升遷的大好機會。

以為只要沿用過去的方法，就能順利接掌新職，實在是大錯特錯。很多人的推論是：「他們是因為我的能力和成就，才讓我坐上這個位子。所以他們一定期望我繼續那樣做。」這種想法很危險，因為做自己擅長的事（同時避開不熟悉的），一開始也許會覺得管用。你不願面對現實，相信有效率就代表有成效。你也許一直這麼想，直到四周的城牆開始崩坍。

古德當初可以怎麼做？她應該把重心放在為新職務做準備。廣義來說，做好準備代表放開過去，接納新形勢的需求，讓自己贏在起跑點上。這也許不容易做到，卻非常重要。**許多原本看似前途無量的新主管無法勝任新職，就是因為他們沒有做好改變的準備。**

做好準備的第一步是了解自己經歷什麼類型的轉職過渡期。為了說明不同類型的轉職有哪些不同挑戰（〈前言〉討論過的挑戰），我在此把重心放在兩種最常見的職務轉換類型：內部升職與外部到職。

內部升職

升遷代表多年努力下的成果，組織裡有影響力的人物相信你願意、也有能力承擔更高階的職位。不過升遷也代表新旅程的起點，你必須清楚知道在新職位表現出色需要做些什麼、如何超越提拔你的人對你的期望，以及如何追求更高遠的目標。具體來說，**每一次升遷，都會帶來一連串必須克服的重大挑戰**。

平衡廣度和深度

每一次升職，你的視野就會擴展，涵蓋更廣泛的問題和決策。因此接任新職後，你必須看得更高更遠。例如古德就應該把重心從行銷工作轉移到與產品上市相關的所有環節。

你也必須在保持寬廣視野和深入鑽研細節之間取得適當的平衡。做到這點並不容易，因為你上一個職位的五萬英尺視野，可能只等於新職位的五千英尺，甚至五百英尺。

重新思考交辦的任務

每一次獲得升職，你必須處理的事務就更繁雜、沒那麼明確，所以你需要重新思考交辦的任務。無論接掌什麼職位，委派任務的重點都一樣：你建立可靠、有能力的團隊，設下目標和指標監督他們的進展，並將更高層次的目標轉化為部屬的具體工作內容，再透過流程來加強目標。

然而，一旦獲得升職，任務的內容往往也隨之改變。假設你帶領五個人的團隊，也許可以委派特定任務，例如撰寫行銷草案或是向特定客戶推銷產品；如果是五十人的團隊，你的重心可能要從特定任務轉移到專案和流程；如果是五百人，那就是指派部屬負責特定產品或平台；五千人的話，你的部屬可能要掌管整個業務。

改變運用影響力的方法

一般人認為，爬得越高，做起事來就越容易。事實卻非如此。**獲得升職後，你反而不能只靠職位帶來的威權推動目標**。就像古德那樣，升遷後也許更能影響決策和業務，但是參與的方式就大不相同。**做決策時，政治手腕變得更重要，你不能光憑威權發號施令，而是要運用影響力**。這無關好壞，而是無法避免的現實。

這主要有兩個原因。首先，升職之後，你要處理的問題會更複雜、沒那麼明確，無法僅僅根據數據和分析來判斷「正確」答案。決策也受到其他人的專業判斷、誰信任誰，以及人脈網絡影響。

第二個原因是，到了組織更高層級，身邊的人往往精明能幹、自我意識也更強。別忘了，你之所以受到拔擢，是因為你有能力和動力，而周圍每一個人也都如此。所以決策的角力當然越來越激烈，辦公室政治的影響層面也更大了。因此你一定要拓展並維持盟友。

更確實的溝通管道

獲得升職的好處是，你可以從比較寬廣的角度了解公司業務，也有更大的自由可以加以改變；不利之處則是你離前線比較遠，更可能接收到過濾後的訊息。為了避免這種情況，你必須建立新的溝通管道，才能了解第一線的狀況，例如，你可以與特定客戶定期直接聯繫，或是與第一線員工會面，不過前提是不能破壞指揮系統。

你也需要建立新管道，讓組織上下了解你的策略目標和視野，例如召開「市政廳式」的會議，而非個人或小組會議，或者使用通訊軟體，將訊息盡可能傳達給最多人。你的直屬部屬應該協助你傳遞願景、確保重要訊息能夠散播，所以在評估接手的團隊成員是否具備領導技能時，也要記得這一點。

展現合適的形象

正如莎士比亞（William Shakespeare）在四大喜劇之一的《皆大歡喜》（*As You Like It*）中說的：「世界即是舞台，所有男女都只是演員。」獲得升遷後，你必然會得到更多關注，也會被放大檢視。你成為重要劇碼的主角，私人時間越來越少，時時刻刻展現領導力的壓力也越來越大。

這就是為什麼你一定要盡快弄清楚新角色該有的「領導形象」：這個階層的領導人看起來像什麼樣？行為舉止如何？你想運用新職位展現什麼樣的個人領導品牌？如何加入自己的特色？這些都是值得花時間探索的重要事項。

我把升職後可能面對的重大挑戰歸納在表1-1。

表 1-1　升職後的主要挑戰

對於每一項挑戰，剛獲得升遷的領導人都有相應的對策。

真正的挑戰為何？	你該怎麼做？
影響範圍更廣： 有更多需要關注的問題、人和想法。	平衡深度和廣度。
較為複雜、模糊： 變數更多，結果也更不確定。	深入交辦任務。
面對更複雜的辦公室政治： 必須和更多強大的利害關係人抗衡。	改變發揮影響力的方法。
離第一線更遠： 與第一線執行人員的距離更遙遠，可能妨礙溝通，必須經過重重過濾。	更確實地溝通。
受到更多檢視： 更多人頻繁地關注你的一舉一動。	以此調整行為。

加入新公司

如果是從內部升職，領導人通常比較了解組織，只需要培養新層級必備的行為和能力。如果你是獲得另一間公司錄用，又會面臨截然不同的挑戰。加入新公司的領導人經常是橫向移動：獲聘去做在其他地方做得成功的任務。**困難之處在於適應新組織的辦公室政治結構和文化。**

我們可以透過大衛．瓊斯（David Jones）在安能傑斯公司（Energix）的經歷，了解這些挑戰。瓊斯原本在一間頗具聲望的跨國製造商任職，後來獲得安能傑斯公司延攬，加入這間成長快速的小型風能公司。他是訓練有素的工程師，在原公司的研發部門穩當升職，成為該公司電器經銷部門的新產品開發副總裁。那間公司向來以擁有扎實的儲備領導人才聞名，瓊斯在那樣的環境下培養領導技能。原公司的文化偏向指揮控制的領導風格，不過員工仍然能暢所欲言，另外，該公司也率先採用、改進各種流程管理方案，包括全面品質管理、精實生產和六標準差（Six Sigma）。

瓊斯加入安能傑斯公司，擔任研發部門主管。該公司正經歷典型的「新創公司轉型」階段，員工從兩人增加到兩百人，接著又擴增到兩千人，即將成為大型企業。因此，執行長在招聘過程中不止一次向瓊斯表示他們必須改變，執行長說：「我們得更有紀律。我們之前能夠成功，是因為保持專注與重視團隊合作。我們彼此了解、信任，也一起走了很長一段路，但是我們做事必須更有條理，否則就無法好好運用、維持現在的規模。」因此，瓊斯明白他的首要之務是釐清、整理和改善研發部門的核心流程，這也是他奠定持續成長基礎重要的第一步驟。

瓊斯像往常一樣滿懷熱情地投入新工作。他發現這間公司主要是靠著集體直覺來管理，許多關鍵的營運和財務流程都不夠完備，其他則是沒有好好掌控。光是新產品開發，就有幾十個項目沒有充分的規格說明或明確的時間表。其中一個重大項目：安能傑斯公司的新一代大型渦輪機，比原訂計畫落後了將近一年，而且還遠遠超出預算。瓊斯到任幾星期後，不禁懷疑，究竟是什麼事或什麼人讓這間公司不至於潰散，同時，他也更加確信自己可以把公司推向更高的境界。

但是他很快就遇到障礙。高層管理委員會的會議一開始令他沮喪，後來情況越來越糟。瓊斯比較習慣紀律嚴明、議程明確、討論出實際行動的會議，現在開會隱晦的討論方式、凡事尋求共識的過程讓他痛苦萬分。尤其令他困擾的是他們不願公開討論迫切的問題，感覺總是在幕後做出決策。每次瓊斯向委員會提出敏感或挑釁的問題，或是要求其他與會者表態時，眾人不是沉默不語，就是舉出一堆事情沒辦法那樣做的理由。

兩個月後，瓊斯漸漸失去耐心。他決定只專注於自己原本執行的工作：配合公司成長，改善新產品開發流程。因此，他召集研發、營運和財務部門主管，開會討論工作要如何進行。在那次會議上，瓊斯提議他計畫組建團隊，以分析並重新設計現有的流程。他概述大致需要的資源，例如從營運和財務部門選派有實力的人加入團隊，並聘請外部顧問來協助分析等等。

瓊斯驚訝地發現，雖然執行長在招聘過程中說了那番話，他也感覺自己獲得明確授權，那些人卻不願配合。與會者雖然聽他發言，但是都不願答應加入或讓部屬參與瓊斯的計畫。相反的，他們催促瓊斯把計畫提交給高層管理委員會，表示這會影響公司許多部門，如果處理不當，可能造成負面影響。（他後來獲悉，會議結束後不久，兩名與會者就向執行長表達他們的擔憂；其中一人說，瓊斯像是「闖進瓷器店的公牛」，另一個人表示：「我們必須很小心，才不會打破微妙的平衡，影響到生產下一代渦輪機進度。」兩人都堅信：「讓瓊斯負責這些任務可能不太妥當。」）更糟糕的是，瓊斯感覺執行長對他的態度明顯冷淡許多。

加入新公司就像器官移植，而你就是新器官。如果適應新環境時考慮不夠周詳，可能被組織的免疫系統攻擊和排斥，正如同瓊斯在安能傑斯公司遭遇的挑戰。

根據調查顯示，絕大多數資深人力資源專家認為，從外部到職的挑戰比內部升職「困難得多」[22]。他們將外部到職的高失敗率歸因於幾個障礙，尤其是以下幾項：

- 來自外部的領導人不熟悉公司非正式的訊息和溝通網絡。
- 外部聘用的員工不熟悉公司文化，因此難以確定方向。
- 大家不認識新人，因此不像從內部升職的人那樣受到信任。

• 內部升職和聘用的傳統使人們難以接受外來者。

若想克服這些障礙，順利融入新公司，你應該把重心放在「有效到職的四大支柱」：一、熟悉業務，二、和利害關係人打好關係，三、協調期望，四、適應公司文化。

一、熟悉業務

熟悉業務是到職過程最直接的部分。越早了解業務環境，就可以越早做出有意義的貢獻。熟悉業務代表了解整間公司，不是只有你實際參與的具體事項。了解組織的過程中，除了財務、產品和策略，也要考慮其他環節，例如：無論擔任什麼職位、有沒有直接參與銷售或行銷工作，了解你支持的品牌和產品都很有幫助。同樣的，你也要熟悉營運模式、規畫與績效評估系統，以及人才管理制度，因為你能否發揮影響力，這些因素都很重要。

㉒來自我與瑞士洛桑國際管理發展學院合作，針對一千三百五十名人力資源主管進行的調查，曾收錄在《下一步，成功》，波士頓：哈佛商學院出版社，二〇〇九年出版。另外請見鮑瑞思．葛羅伊斯堡（Boris Groysberg）、安德魯．麥克連（Andrew N. McLean）和尼汀．諾瑞亞（Nitin Nohria）的〈領導人跳槽後還能成功嗎？〉（*Are Leaders Portable?*），《哈佛商業評論》，二〇〇六年五月號，第九十二至一百頁。

二、和利害關係人打好關係

盡快建立正確的人際網路也很重要。意思是找出重要的利害關係人，並與他們建立有成效的工作關係。正如瓊斯剛上任時，很自然地著重於建立垂直關係，也就是上至老闆，下至團隊，而沒有花足夠的時間與直屬關係外的同事和重要相關人士建立橫向關係。**別忘了，你不會希望房子在深夜失火時，才第一次認識鄰居**。

三、協調期望

無論你認為自己有多了解別人對你的期望，正式到職後，請務必再三確認。為什麼？因為真正走馬上任後，你可能發現之前對任務、支持和資源的理解並非完全正確。這並非有意誤導，而是由於招聘就像談戀愛、到職就像結婚一樣。如同瓊斯學到的教訓，新上任的主管可能以為他們擁有比實際情況更大的自由推動改革。如果根據這種錯誤的假設採取行動，就容易引發不必要的抗拒，甚至導致失敗。

除了新上司的期望，也要理解其他關鍵團體的期望，例如，假設你是在業務部門，就要重視總公司財務部門關鍵人物的想法，如果對方可能影響你的績效評估，這點格外重要。

四、適應公司文化

圖 1-1　文化金字塔

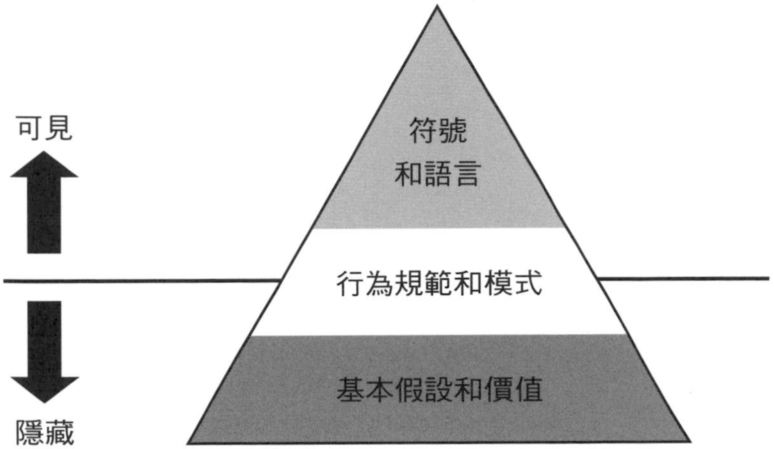

領導人加入新組織，最艱鉅的挑戰就是適應陌生的文化。例如瓊斯就必須從偏重威權與程序的文化，轉換到注重共識和人際關係的文化。

若想順利調適，你必須了解組織整體的文化，以及你加入的部門或單位的組織文化（組織內不同單位可能有不同的次文化）。你可以把自己想像為準備研究新文明的人類學家。

文化是人類溝通、思考和行動遵循的一套模式，基礎是共同的假設和價值觀。組織內的文化通常有很多層次，如圖1-1所示。文化金字塔的頂端是表面上的元素，也就是**符號**、**共同語言**和外人最容易看到的部分。顯而易見的符號包括公司標誌、員工的穿著打扮，以及辦公室空間的規畫和分配。

同樣的，每一個組織都有共同的語言，

例如用來描述業務部門、產品、流程、專案和其他要素的一長串縮寫。**因此你必須及早投入時間和精力，學習「在地人」的說話方法**。對於表面上的元素，新加入者相對而言比較容易找到融入的方式，如果你的同事沒有人穿格紋襯衫，那你也不應該穿，除非你有意改變文化。

符號和語言的表層之下是更深層、沒那麼明顯的**組織規範和約定俗成的行為模式**。這些文化元素包括如何取得他人對提案的支持、如何得到認可，以及如何看待會議，例如把會議當成討論的平台，或者只是流於形式？（請參閱後面的「分辨辦公室的文化規範」），這些規範和模式通常難以辨認，往往只有在新環境待一段時間之後，才比較看得出來。

最後，所有文化的基礎是每個人對世界運作方式的根本假設，也就是灌輸並強化金字塔其他元素的**共同價值觀**。其中很好的例子是公司員工普遍認同以職稱來分配權力：特定職位的高層主管是否從第一天上班就有很大的決策權，還是要視年資而定？或者，組織是根據共識做決定，所以說服他人的能力才是關鍵？同樣的，這些辦公室文化元素往往不容易辨識，可能需要一段時間才能看清。

分辨辦公室的文化規範

對於以下這些領域，不同公司的文化規範可能差異極大。接任新職的領導人可以透過以下清單，了解組織究竟如何運作。

- 影響力：如何取得對重要計畫的支持？獲得高層領導團隊的支援比較重要，還是讓同事與部屬認同你的點子比較重要？
- 會議：開會時會不會討論棘手問題？還是私下已經達成協議，會議只是公開批准的地方？
- 執行：實際做事時，對流程深入了解，還是人脈比較重要？
- 衝突：員工能否開誠布公地談論問題，不用擔心遭到報復？還是避免衝突，甚至壓制衝突，反而造成嚴重後果？
- 表揚認可：公司是否推崇明星人物，表揚大張旗鼓展開工作的人？還是鼓勵團隊合作，獎勵以威望低調領導、重視合作的人？
- 目的與手段：對於取得成果的方法，有沒有任何限制？組織是否透過各種正面和負面的激勵方式，不斷強化定義明確、上下皆知的價值觀？

深入了解業務狀況、政治網路、期望和文化後，你就擁有扎實的基礎，能夠在適應新組織和推動改變間取得平衡。表1-2「到職檢查清單」列出「有效到職的四大支柱」的相關問題和行動。

除了加入新公司得面對文化差異，轉調部門或外派也會遇到類似的挑戰。為什麼？因為遇到這些情況，領導人都必須掌握不同工作文化。此時可以運用相同的文化評估與適應原則，只要適當修改即可[23]。

做好準備

了解不同類型的轉職挑戰後，現在就可以好好準備，讓自己順利跨出這一步。如何化解新職位的挑戰？以下是為新職位做好準備的基本原則。

建立明確的分界點

從一個職位轉換到另一個職位，你很可能手忙腳亂，而且通常不會太早接獲通知，就必須接掌新職。幸運的話可能有幾週的緩衝期，但是多半只有幾天。你想完全投入新工作，卻必須為原來的工作收尾。更糟的情況是必須身兼二職，直到舊工作找到接替人選，分界點因此更為模糊。

表 1-2　到職檢查清單

熟悉業務	• 及早取得與財務、產品、策略、品牌相關的公開資料。 • 找出其他資訊來源，例如網站和分析報告。 • 請公司為你準備一份簡介。 • 可能的話，正式上任前請公司安排參觀主要設施。
和利害關係人打好關係	• 請上司為你引介應該盡早聯繫的重要人士。 • 可能的話，正式上任前，就先和部分利害關係人見面。 • 掌控時程、早一點安排與主要利害關係人會面。 • 留意橫向關係（同事和其他人），不能只重視縱向關係（上司和部屬）。
協調期望	• 了解並參與業務規畫和績效管理。 • 無論自認有多了解該做什麼，都要在上任一週內安排和上司談話，確認對方的期望。 • 盡早與上司與直屬部屬進行有關工作風格明確的對話。
適應公司文化	• 面試時詢問與組織文化相關的問題。 • 與新上司和人資討論工作文化，並定期重新確認。 • 找出組織裡協助你解讀文化的人。 • 30天後，與上司和同事展開非正式的360度檢核，評估你適應的進度。

㉓ 麥克．瓦金斯，《下一步，成功》，波士頓：哈佛商學院出版社，二〇〇九年出版。

由於職責可能無法清楚轉換，你必須自己調整心態。找個特定的時間，例如週末，刻意去想像自己放掉舊工作、擁抱新職務，並認真思考兩者間的差異以及如何轉換想法和行為。找時間慶祝升遷，和親朋好友私下慶祝也可以，另外也要向經驗豐富的人求教。重點在於設法讓自己進入轉職過渡期的心態。

評估你的弱點

你能夠接任新職，是因為遴選你的人認為你具備成功的條件。但是正如古德和瓊斯的例子，過分依賴從前的做法，很可能適得其反。

找出個人弱點的方法之一，是評估自己對各類問題的偏好，也就是你自然而然想解決的問題。每個人都有各自的偏好，例如古德偏好行銷，其他人可能是財務或營運。個人喜好可能影響你選擇的工作，這樣就能多做自己想做的事。日積月累之下的結果是你更擅長處理那些事，解決相關問題時，也最能感覺勝任愉快，這樣的循環不斷累積，就好比鍛煉右手臂，卻忽略了左臂，強者恆強，弱者恆弱。風險當然就是失衡，如果必須兩手皆強才能成功，你就危險了。

表 1-3「問題偏好評估表」提供簡單的工具，可以用來評估個人對不同領域的偏好。請根據興趣多寡來給分，例如填寫左上角的空格時，想想自己對考績和獎勵制度多感興趣。給分時不用把對這個領域的興趣與其他領域互相比較。

表 1-3　問題偏好評估表

請以1到10分，評估你對解決下述不同領域問題的喜好程度，1分代表沒興趣、10分代表極度感興趣。

設計考績與獎勵制度 ________	員工士氣 ________	公正／公平 ________
財務風險管理 ________	預算編制 ________	成本意識 ________
產品定位 ________	客戶關係 ________	以顧客為導向 ________
產品或服務品質 ________	與經銷商和供應商的關係 ________	持續改善 ________
專案管理制度 ________	研發、行銷和營運部門間的關係 ________	跨部門合作 ________

針對格內的每個問題評分，從1分（一點也不喜歡）到10分（非常喜歡）。請記住，這裡問的是你的興趣，不是你的技能或經驗。填完表格前請勿翻頁。

現在把表1-3的評分移至表1-4中對應的空格，算出這3行共5列的總和。

表 1-4　對問題與職能的偏好

	技術	政治	文化	總和
人力資源				
財務				
行銷				
營運				
研發				
總和				

每一列的總分代表你對技術、政治和文化問題的偏好。技術問題涵蓋策略、市場、技術和流程；政治問題則是關於組織的權力鬥爭和辦公室政治；文化問題涉及價值、規範和既定假設。

如果某一列的總分明顯低於其他列，那就代表潛在的盲點，例如，假設你在技術方面得高分，但是在文化或政治方面很低分，你就可能忽略了組織的人性層面。

行的總分代表你對不同業務的偏好，任何一行得分過低，都意味著你不想要處理那類職能的問題，這同樣也是潛在的盲點。

這項診斷的結果應該能幫助你回答以下問題：你最喜歡解決哪方面的問題？最不希望解決哪方面的問題？接任新職後，可能有哪些潛在的弱點？

你有很多方法可以彌補自身缺失，其中三個基本工具是自我約束、建立團隊與徵詢建議。**你必須自我約束，要求自己花時間處理你不喜歡、傾向避免的問題**；除此之外，你可以主動尋找團隊裡精通這些領域的人，向他們學習並尋求支援；顧問則是能幫助你跳出「舒適區」（Comfort Zone）。

當心你的優勢

缺點很危險，但是優點也要當心。套用心理學家馬斯洛（Abraham Maslow）的名言：「**如果你手上拿著槌子，那麼所有東西看起來都是釘子。**」[24]到目前為止幫助你大放異彩的特質（想想看自己的槌子是什麼），可能在接任新職後變成你的弱點。例如古德做事很仔細，這顯然是優點，卻可能帶來負面影響，若加上控制欲太強，後果就是對擅長的領域管得太鉅細靡遺，導致希望不受干涉、自主行事的員工士氣低落。

㉔ 原文為：「我想，如果你只有槌子，就會把所有東西都當成釘子。」出自亞伯拉罕・馬斯洛所著的《科學心理學》（*The Psychology of Science: A Reconnaissance*），紐約：哈潑柯林斯出版社（Harper Collins）一九六六年出版，第十五頁。

重新學習「如何學習」

你上一次面對如此陡峭的學習曲線，可能是很久以前的事。許多經歷轉職過渡期的領導人感嘆：「我突然意識到自己有好多事不懂。」你可能像古德一樣，原本可能擅長某種職務或專業，突然得領導專案小組，或是像瓊斯那樣，進入一間新公司，除了缺乏人脈，也對組織文化一知半解。無論是哪種情況，你都得在短時間內大量學習。

重頭開始學習，可能引發內心深處令人不安的無力感，尤其如果一開始就受挫，你會感覺自己又回到職業生涯缺乏自信的年紀。也許你剛開始犯了一點錯，遭逢許久沒有經歷的失敗。所以你下意識地把重心轉移到比較有信心的領域、接近讓你自我感覺良好的人。

新挑戰和擔心自己無法勝任的恐懼，可能引發拒絕承認現實、防衛心過重的惡性循環。你可以選擇學習和調適，也可能衰弱進而失敗。你的失敗可能像古德那樣戲劇化，也可能是痛苦的凌遲，相同之處是無法避免。正如下一章會探討的，不願面對現實、防禦心過重都必然導致災難。

重新學習「如何學習」可能帶來極大壓力。如果你發現自己冒著冷汗驚醒，請放心，大多數新領導人都會經歷相同感受，只要坦然面對學習的需求，最後一定能克服。

重新打造諮詢網路

在組織裡爬得越高，你需要的建議也會隨之改變。準備接任新職時，你必須積極重建諮詢和顧問網路。在職業生涯初期，優秀的專業顧問對於協助你完成任務很有幫助，例如行銷或財務等方面的專家。不過隨著層級越高，關於政治與個人的建議也越來越重要。政治方面的顧問可以協助你了解錯綜複雜的人事運作，如果你打算推動變革，這方面的資訊就尤其重要；個人顧問則能幫助你在重重壓力下綜觀全局、保持平衡。重新打造諮詢網路並不容易，因為目前的顧問可能是你的好友，如果向熟悉領域的顧問求教，你也比較自在。但是務必後退一步，了解自己必須建立哪些類型的諮詢網路，才能彌補自身專業或經驗的盲點和缺失。

當心想阻止你前進的人

無論是有意還是無心，有些人可能不希望你前進，比如說你的舊上司也許不想放人。所以一旦得知自己何時將接任新職，就要和上司研議明確的共識，討論手邊的工作如何收尾，包括哪些問題或專案要處理、打算處理到什麼程度，尤其要說清楚哪些事情你不會做完。把討論結果記錄下來，呈送給上司，確定你們想法一致。然後無論是你或上司都要遵守協議。你必須務實地判斷任務能夠完成到什麼程度。**你永遠可以做更多事，但是要記住，接任新職前的時間很寶貴，要用來學習和規畫**。

原本是同事，現在階級在你之下的人可能不希望你們的關係改變。如果升職後，你必須領導昔日的同事，挑戰又更為艱鉅了。但是你們的關係必然改變，而且你越早接受（並幫助對方接受）越好。組織裡其他人會檢視你有沒有偏袒誰，並依此評斷你夠不夠公正。

如果你獲得拔擢，管理昔日的同事，其中有些也許是你的手下敗將，甚至可能暗中詆毀你。這樣的情況或許會隨著時間平息，**但是一開始要有心理準備，預期對方可能挑戰你的權威，你要堅定、公正地應對。如果沒有及早設下界限，日後必然後悔莫及**。協助別人接受你的轉變是必要的準備工作。因此，如果你發現某些人可能永遠無法接受你的新角色和你們的新關係，就必須盡早設法讓他們離開。

尋求協助

許多組織都有協助領導人順利度過轉職調適期的計畫或流程，像是高潛力人才培養計畫（協助有潛力的領導人做好升職準備），以及說明主要職責的正式到職流程（計畫或指導員）。你應該充分利用組織提供的協助。

即使新組織沒有提供正式的轉職過渡期支援計畫，你也可以和人力資源部與新上司接觸，共同制定九十天的轉職過渡期計畫。如果是內部升職，就去找找看有沒有描述新職位必備技能、知識和態度的職能模型（Competency Model），不過也不要完全仰賴這類模型；如果是加入新公司，就請他們幫你辨識並聯繫主要利害關係人，或是找一個熟悉組織歷史的人來協助你解讀文化，幫助你深入了解組織的發展和變化。

小結

為新職位做準備並不容易，其中有些障礙可能出在你身上。花幾分鐘思考表1-3「問題偏好評估表」的結果，了解自己接任新職的潛在弱點，如何彌補？然後想一想可能阻止你前進的力量，例如對現任上司的承諾。如何避免這樣的結果？

套用一句老話，重要的是過程，而非結果。**你必須不斷努力，確保自己有能力面對新職位的挑戰，而不是退縮到舒適圈。老習慣令人安心，卻十分危險**。請每隔一段時間重讀本章，思考裡面的問題，問自己：我有沒有盡量做好準備？

檢查清單：做好到任前的準備

1. 如果你是在內部升職，那麼對於廣度和深度、委派任務、發揮影響力、溝通，以及展現領導力各方面的平衡，你必須做些什麼？
2. 如果即將加入新組織，要如何熟悉業務、確認並聯繫主要利害關係人、確知他人對你的期望，並適應新文化？在適應新環境與推動改變之間，如何取得適當平衡？

3. 迄今為止，你在事業上能夠成功，是因為具備哪些特質？你能光憑這些優勢順利接掌新職嗎？如果不能，你必須培養哪些關鍵技能？
4. 新工作有沒有哪些可能左右成敗的層面，你卻不想關注？為什麼？如何彌補潛在的盲點？
5. 如何確保自己在心態上做好轉換新職的準備？你可以向哪些人尋求建議與諮詢？還有哪些方法可能有幫助？

第 2 章

加速學習

克里斯・哈德利（Chris Hadley）原本是中型軟體服務商杜拉（Dura Corporation）公司的品質保證部主管，後來他的上司跳槽到績效不佳的軟體開發公司菲尼克斯系統（Phoenix Systems）擔任營運副總裁，並邀請哈德利過去領導該公司的產品品質與測試部門。儘管只是平行調動，不過哈德利還是抓住這個帶領部門徹底改造的機會。

杜拉是一流的軟體公司，哈德利從工程學院畢業後就進入這間公司，在品質保證部門快速升職。他擁有扎實的專業訓練，在具備尖端技術、工作態度積極的環境下累積經驗。接受新職前，哈德利參觀過菲尼克斯公司的產品檢測部門，發現那裡的情況完全不合標準，決心迅速著手改變。

上任後不久，哈德利就宣布菲尼克斯公司既有的流程已經落伍，並公開表示要以「杜拉的方式」從頭到尾重新整頓。他請來營運顧問，得到一份措辭嚴厲的分析報告，直指菲尼克斯公司的測試技術和系統「過時」，工作團隊「欠缺」技能。他們建議重建產品測試流程，並大量投資，改善技術與員工訓練。哈德利和直屬部屬分享這份報告，說明他打算迅速落實這些建議，第一步就是按照「我們在杜拉做事的方法」重組產品測試團隊。

不過施行新架構後才一個月，部門的生產力就急遽下降，一款重要的新產品上市計畫甚至可能延誤。哈德利召集部屬，敦促他們「迅速解決問題」。不過問題依然存在，整個營運部門的士氣一蹶不振。

接任新職僅僅兩個月後，哈德利的上司告訴他：「幾乎所有人都不支持你。我帶你來這裡是為了提高品質，不是摧毀品質。」上司接著提出一連串問題：「你花了多少時間了解部門的營運方式？你知道他們這些年來一直要求更多資源嗎？你有沒有看到他們在你來之前，用手上僅有的資源做了多少事？你必須停下現在的計畫，好好聆聽他們的聲音。」

哈德利震驚之餘，開始認真地和經理、主管以及工作團隊討論，發現他們在資源不足的情況下，構思出許多極具創意的應對方式。此外，他們也告訴他新結構哪裡出了問題。他召集全體同事開會，宣布他將根據建議大幅調整架構。同時也承諾在推動其他改變前，會先致力提升測試技術並加強培訓。

哈德利做錯了什麼？他就像許多新上任的領導人一樣，未能好好了解新加入的組織，因此做出危害聲譽的錯誤決定。

若想順利接掌新職，首要之務就是加速學習。有效的學習可以讓你具備基本的見解，你就能以此為基礎，制定接下來的九十天計畫。所以務必先釐清必須了解哪些訊息，然後快速學習，學習的效率越高、效果越好，就可以越快克服自己的弱點，同時辨別隨時可能爆發、導致你偏離軌道的潛在問題。在學習曲線上進展越快，就能越早做出正確決策。

克服學習障礙

新上任的領導人脫離軌道，多半是因為無法有效學習。剛上任時，你可能像是從消防水管喝水，太多東西要吸收，很難抓出重點。在不斷湧來的資訊洪流裡，你很容易錯過重要的訊號。或者，**你可能過度關注產品、客戶、科技、策略等經營的技術層面，反而忽略文化和政治方面的學習**。

雪上加霜的是，很少經理人接受過系統化的訓練，不知如何診斷組織問題。接受過此類訓練的人，不是人力資源專家，就是管理顧問。

另一個相關的問題是沒有制定學習計畫。**有計畫的學習代表事先釐清重要問題，並了解如何找出最佳答案**。很少新上任的領導人花時間按部就班思考學習重點，更少人在接掌新職時，會制定明確的學習計畫。

有些領導人甚至遇到「學習障礙」，就像哈德利那樣，沒有深入了解組織的歷史。「我們如何走到這一步？」是一定要問的基本問題。否則你很可能在不知道現有結構或流程為何出現的情況下，就貿然將之摧毀。深入理解組織的歷史，你才能確定有沒有改變的必要，你也可能發現讓事情維持原狀的充分理由。

正如前言提過的，另一個相關的學習障礙是「勢在必行」，主要症狀是認為自己非採取行動不可。卓越的領導人能在「動」（採取行動）與「不動」（觀察和反思）之間取得適當平衡。但是，正如哈德利遇到的情況，在轉職過渡期保持「不動」是很大的挑戰，而且，要「動」的壓力幾乎都來自領導人本身，而非外部力量。這種現象反映出缺乏自信、急欲證明自己能力的心態。**請記得：光是真心渴望學習和理解的態度，就能轉化為聲譽和影響力**。

因此，如果你時常陷入焦慮，或者因為太忙碌而無法投入時間學習，就有可能遇到「勢在必行」的問題。這個問題很嚴重，由於過度忙碌而無法學習，往往會形成惡性循環。就像哈德利那樣，沒有投注心力了解組織，就可能在一開始做出糟糕的決策，損害個人信譽，疏離原本可能支持他的人，同事也更不願分享重要訊息。結果是做出更多錯誤決定，形成惡性循環，對你的聲譽造成難以挽回的傷害。所以一定要當心。你也許認為新官上任，總要擺出架勢，好好做幾件事，有時的確如此，正如下一章即將討論的，但是你也可能因為準備不周而看不清真正的問題。

最糟糕的可能是帶著「標準」答案赴任的領導人，正如哈德利在菲尼克斯公司的做法，他們認定組織的問題出在哪裡，也認為自己知道如何解決問題。**這些領導人在「用正確方式做事」的組織接受歷練，卻沒有意識到在一個組織行得通的方法，可能在另一個組織一敗塗地。**正如同哈德利從錯誤中學到的教訓，帶著答案前來可能使你更容易犯下大錯，還會導致人們漸漸疏遠你。哈德利想得太簡單，以為只要把自己在杜拉公司學到的方法，拿來解決菲尼克斯公司的問題就好。

加入新組織的領導人必須著重於學習與適應新文化，否則就可能出現器官移植排斥的現象（新領導人等於新器官），他們的所做所為觸發組織的免疫系統，成為受到攻擊的異物。縱使你明確知道自己是因為公司想引入新的做事方法才獲得聘用（例如徹底改造），還是要花時間了解組織的文化和政治，才能打造出合適的方法。

把學習當成投資

如果將學習當成投資，並將寶貴的時間和精力視為值得謹慎管理的資源，你的回報就是獲得能夠轉化為行動的真知灼見。所謂能夠轉化為行動的灼見，就是可以讓你及早做出更好決策的知識，幫助你快速到達個人價值的損益平衡點。如果哈德利事先知道以下幾點，就會改採不同做法：（1）儘管菲尼克斯公司的地區經理人致力於技術升級，高層主管卻始終未能提供足夠的資源；（2）在既有的資源條件下，營運團隊對於品質與產能方面的成效已經相當卓越；（3）主管和工作團隊理所當然地以他們的成就為榮。

為了使學習的投資得到最大回報，你必須從大量訊息中，有效地汲取可以轉化為行動的見解。若想有效學習，就必須先弄清楚要學些什麼，這樣才能集中精力。所以要花時間盡早確定學習目標，並定期回顧，設法改善和補強。有成效的學習代表辨識從哪裡獲取最好的觀點，然後思考如何在最短時間內汲取最多灼見。哈德利用來了解菲尼克斯公司運作的方式，既沒有效果，也缺乏效率。

界定學習目標

如果能夠重來，哈德利可以怎麼做？**他應該規畫一套有系統的學習流程，以建立蒐集、**

分析、假設、測試資訊的良性循環。

第一步是界定學習目標，理想的情況是在正式到職前就確認。學習目標凝聚學習的重點，也就是你最需要了解的事物。裡頭包含一套明確的問題，或是你想探討、驗證的假設。當然，轉職過渡期的學習應該反覆進行。一開始的學習目標多半是問題，隨著了解越深入，你開始推斷當前的情況和箇中原因，學習內容變得更具體，你也會測試那些假設。

如何擬訂一開始的引導調查？首先，要針對過去、現在和未來提出問題（請參見「關於過去的問題」、「關於現在的問題」和「關於未來的問題」列表）。工作為何以這種方式進行？那樣做的理由（例如因應競爭對手的威脅），現在仍否站得住腳？情況有沒有改變，所以未來應該採取不同做法？以下是這三類問題的範例。

關於過去的問題

績效

- 組織以往表現如何？員工對於這樣的績效有什麼想法？
- 如何設定目標？這些目標是否缺乏野心，還是太有野心？

- 有沒有採用內部或外部的標竿評比？
- 有哪些獎勵措施？這些措施鼓勵或不鼓勵哪些行為？
- 倘若沒有達成目標，會有什麼後果？

根本原因

- 如果績效很好，可能的原因是什麼？
- 組織的策略、架構、制度、人才、文化和政治對績效有哪些貢獻？
- 如果績效不彰，又是為什麼？主要問題是出在組織的策略？架構？技術能力？文化？還是政治？

變革的歷程

- 過去是否曾改造組織？結果如何？
- 主要是哪些人在打造組織？

關於現在的問題

願景與策略

- 組織有哪些公開的願景和策略？
- 組織是否實際執行那些策略？如果沒有，為什麼？如果有，那些策略是否有助於達成目標？

人

- 哪些人有能力，哪些人沒有能力？
- 哪些人值得信賴，哪些人無法信任？
- 哪些人有影響力，為什麼？

流程

- 有哪些主要流程？
- 這些流程能否提升品質和時效，是否可靠？如果答案是否定，為什麼？

地雷

- 有沒有可能爆發的意外事件，會使你亂了陣腳？
- 在組織文化或辦公室政治方面，有沒有必須避開的問題？

初期成效

- 你可以在哪些領域（人、關係、流程或產品）做出一番成績？

關於未來的問題

挑戰與機會

- 未來一年內，組織最可能在那些領域面臨嚴峻的挑戰？為了因應這些挑戰，現在可以如何做準備？
- 哪些機會最具有發展的潛力，但是尚未開發？要怎麼做，才能好好運用這些機會？

障礙與資源

- 推動必要改變時，有哪些主要障礙？是技術、文化，還是政治層面？
- 有沒有可以善加運用的資源或高品質的人才庫？
- 應該培養或取得哪些新能力？

文化

- 企業文化有哪些層面應該保留？
- 哪些層面應該改變？

回答這些問題時，也要思考如何適當分配技術、人際關係、文化和政治的學習比例㉕。在技術方面，你可能要了解陌生的市場、技術、流程和系統；在人際關係方面，則是要了解上司、同事和直屬部屬；針對文化領域，你必須了解規範、價值觀和期望的行為，這些和你從前所處的環境必然不同，即使是在同公司的不同部門；在政治方面，你必須了解「影子

㉕ 提奇（N. M. Tichy）與德范那（M. A. Devanna）的《推動變革的領導人》（*The Transformational Leader*），紐約：威立父子出版社（John Wiley & Sons），一九八六年出版。

組織」，也就是正式組織結構下的非正式流程和同盟關係，這些都會影響做事的方法。辨公室政治非常重要，卻不容易解讀，因為你必須置身其中才能領悟，而且政治地雷可能形成阻礙，使你在轉職過渡期難以建立扎實的支援網路。

如何集思廣益

你會經由各種「硬」資料學習，例如財務與營運報告、策略和職能計畫、員工調查、媒體報導和產業報告，但是要做出有效決策，你也需要關於組織策略、技術能力、文化與政治的「軟」資訊，獲得這類情報的唯一方法，就是與掌握關鍵知識的人交談。

所以要思考誰能為你的學習投資提供最佳回報。找出最佳資訊來源，能夠讓學習更完整、有效率。請記住，你必須同時聽取組織內外關鍵人士的意見（見圖2-1知識的來源）。與抱持不同觀點的人交談，能夠提升你的洞察力，你可以結合外在現實和內部觀點，同時了解高階主管和第一線員工的想法。

最有價值的外部訊息來源可能是：

- **顧客**：外部客戶和內部客戶（包括企業的經營者、員工、股東等等）對組織有什麼想法？主要客戶對公司的產品或服務有什麼評價？你們的客戶服務做得如何？如果是外

圖 2-1　知識的來源

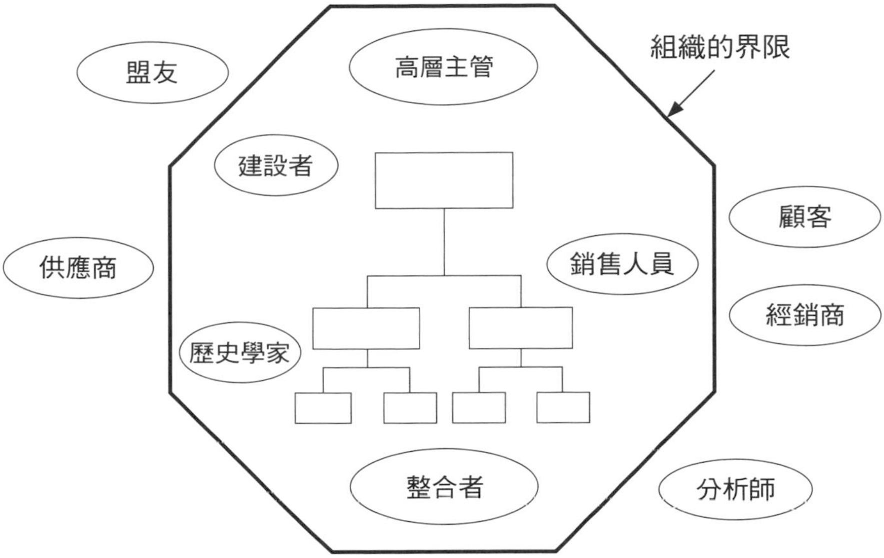

部客戶，相較於競爭對手，他們如何看待你們？

- **供應商**：供應商將你們視為顧客，他們對公司看法如何？你也可以藉此了解公司管理品質和客戶滿意度的系統有哪些優缺點。
- **經銷商**：透過經銷商，你可以了解產品物流、客戶服務以及競爭對手的做法和提供的服務，同時了解經銷商本身的能力。
- **外部分析師**：分析師可以客觀地評估公司與競爭對手的策略和能力，也會分析市場的需求與產業的經濟狀況。

不可或缺的內部資訊來源包括：

- **第一線的研發與作業人員**：這些人負責開發、製造產品或提供服務。第一線員工可以幫助你熟悉組織的基本流程以及公司與外部組織的關係。此外，他們也能夠分析組織內其他單位如何支持或破壞第一線人員的努力。
- **業務與採購人員**：業務、客服代表和採購直接與顧客、經銷商或供應商互動，通常掌握關於趨勢或市場即將如何變化的最新資訊。
- **職員**：你要和財務、法務與人力資源等部門的負責人或主要員工交談。這些人能從專業角度檢視組織內部如何運作，提供實用的觀點。
- **整合者**：整合者是負責協調或推動跨部門交流的員工，包括專案經理、廠長和產品經理。你可以從他們身上了解組織內的環節如何運作，以及不同部門如何協調。這些人也能幫助你察覺真正的人事階級、認清內部衝突的根源。
- **歷史學家**：請注意在公司待很久的「老前輩」，也就是公司的歷史學家，這些人在組織待了很久，自然而然吸收公司的歷史。從這些人身上，你可以了解公司的傳說（關於組織為何存在與經歷哪些考驗的重要故事），以及組織文化和辦公室政治的起源。

如果是加入新組織，正式上任之前，可以透過很多方法來加速學習。除了招聘過程外，第一步是運用網路豐富的資源，你可以蒐集組織的背景資訊和相關分析、重要人士的經歷，以及公司官網的訊息。除此之外，如果可能的話，最好和現任或前任員工接觸，向他們探詢組織的歷史和文化。

有系統的學習方法

無論是從報告、與了解情況的人對話，還是透過網路資源，一旦大致知道自己需要了解什麼以及從何學習，下一步就是找出最好的學習方式。

很多領導人乾脆直接和員工聊天。這種方法雖然有助於取得大量軟性資訊，卻很沒效率，因為實在太費時，而且由於缺乏條理，很難分辨意見的重要程度。最初或最後和你交談的少數幾人可能左右你的想法，正因如此，有些人會想盡快和你見面，試圖影響你的觀點。

所以你應該採用有系統的學習方法。請試想你會如何與直屬部屬會面、了解他們的想法？馬上把所有人召集起來也許不太明智，因為有些人可能不願意在公開場合透露自己的真實想法。

所以你決定先和他們一對一會面。當然，這種方法也有缺點，因為你必須按照一定的順序和部屬開會，因此排在後面的人自然會向和你見過面的人打聽，想了解你的用意。你可能因此無法取得不同角度的意見，你說的話也可能遭到誤解。

假設你決定一一面談部屬，那要以什麼順序和他們見面？如何避免過度受最初交談的少數人影響？其中一個辦法是每一次會面都採用同一套腳本。先大致介紹自己和自己的做事方法，接著再詢問對方的背景、家庭和興趣，隨後是一系列和業務相關的標準問題。這種方法的效果很好，因為你可以對照、分析，看看答案有哪些部分相同、哪些不一致，並藉此評估哪些人比較坦誠。

想了解新加入的組織，第一步就是和直屬部屬會面。以下是與不同部門的同級員工交談、從組織水平切入的範例，你可以詢問五個基本問題：

1. 組織當前面臨（或即將面臨）最大的挑戰為何？
2. 組織為什麼面臨（或即將面臨）這些挑戰？
3. 最有希望但尚未開發的成長機會為何？
4. 組織要做些什麼，才能充分利用這些機會？
5. 如果你是我，會把重點擺在哪裡？

透過這五個問題的答案，加上認真傾聽和經過深思熟慮的後續追蹤，必能獲得許多明確的見解。要是哈德利運用這個方法，可以獲得什麼資訊？**問每個人同一套問題，可以得知普遍或分歧的觀點，同時避免受到最先交談、最強勢，或最能言善道的人影響**。你也可以從對方回答的方式，得到很多關於團隊與辦公室政治的訊息。誰直言不諱？誰含糊其詞、避重就輕？誰勇於承擔責任？誰推諉塞責？誰的視野寬闊？誰似乎以管窺天？

一旦過濾初步談話，歸納出一套觀察、問題和見解後，你就可以召集全體部屬，告訴他們你的感想和問題，然後邀請他們一起討論。這樣一來，除了能夠了解團隊的本質和動態，你也能向眾人展現自己能多快認清關鍵問題。

你不必嚴格遵循這個流程，例如，你可以聘請外部顧問對組織進行診斷，然後把結果回饋給團隊（參見後面的「新領導人融入流程」），或者你可以請公司內部的培訓講師來做這件事。重點在於，**即使是簡單的架構，包括腳本和一系列互動，像是單獨會面、分析，再一起會面等等，都能有效提升獲取明確見解的能力，轉化為實際行動**。當然，你的問題要針對團隊量身打造，例如與銷售人員見面時，可以問：客戶有沒有哪些需求，是競爭對手可以提供，我們卻沒有提供的？

新領導人融入流程

系統化學習的一個例子，是奇異公司（GE）開發的「新領導人融入流程」。在這個流程中，一旦主管接任重要職位，公司都會為他指派一名中間人（Facilitator）。中間人與接任新職的主管會面，制定出一套流程，接下來是與新主管的直屬部屬開會，向他們提出問題，例如，你希望了解關於新主管的哪些事？你希望他了解關於你的什麼事？了解業務的哪些部分？然後把結果呈交給新主管，不會歸納總結。流程的最後一步是安排新主管與直屬部屬開會。

系統化學習的另一個例子是把SWOT（優勢、弱點、機會和威脅）分析法一類的架構當成診斷標準。這種架構很好用，可以做為與主要利害關係人（上司、同事和直屬部屬）溝通的工具，讓眾人對當前狀況形成共識。在特定情況下，其他系統化的學習法也很有幫助。表2-1「有系統的學習法」列出的方法有助於提升學習效率，不過主要取決於你在組織的層級高低與公司的業務狀況。有效率的新主管會多管齊下，根據實際情況制定學習策略。

制定學習計畫

學習目標決定你想學什麼，學習計畫則是界定你的學習方式。藉由這份計畫，將學習目標轉換為具體行動：找出深刻見解的來源，然後按部就班、加速學習。學習計畫是九十天計畫很重要的一部分，事實上，正如我們稍後即將探討的，上任前三十天，學習應該是最重要

表 2-1　有系統的學習法

方法	用途	適用對象
組織風氣與員工滿意度調查	了解文化和士氣。許多組織會定期進行此類調查，也許已經有資料庫。若沒有，請考慮定期調查員工的想法。	如果有針對你的單位或團隊的分析，則適用於所有層級的主管。 實用程度取決於蒐集和分析夠不夠精細，不過先決條件是調查工具必須適當，並且仔細蒐集數據、嚴格分析。
與組織不同層級或部門進行系統的訪談	找出對於機會和問題的共識與歧見。你可以採取水平方式，訪談不同部門同一級別的員工，也可以用垂直的方法，和不同階層的員工交談。無論選擇哪一種方式，都要詢問所有人相同的問題，並在回應中尋找相似點和不同之處。	對於團隊成員來自不同部門的主管最有用。 如果較低層級的部門遇到重大問題，也可能派得上用場。
焦點團體	調查主要團隊擔心的問題，例如第一線製造或服務人員的士氣。把這些共事的同事聚在一起，你也看到他們如何互動、找出哪些人有領導天分。這類討論可以引發深入思考。	管理大批相似職能員工的主管最為有用，例如業務經理和廠長。 高層主管也可能適用，可以藉由這個方法，快速了解主要團隊的想法。

（續下頁）

表 2-1 有系統的學習法（續上頁）

方法	用途	適用對象
分析過去的重大決策	找出決策模式以及權力、影響力的來源。選擇一項最近的重大決策，研究決策的制定過程。在不同階段，是什麼人發揮影響力？與參與決策的人交談，探查他們的看法，並留意對方說了與沒說什麼。	對於領導業務部門或專案小組的高階主管最有用。
分析流程	檢視不同部門或職能單位間的互動，並評估流程的效率。選擇一項重要流程，例如將產品交付給客戶或經銷商的流程，然後指派跨部門小組追蹤流程、找出瓶頸和問題。	對於必須整合不同專業職能的部門或團隊主管最有用。 較低階的主管可能有用，可以了解團隊如何融入更大範圍的流程。
參觀工廠和市場	向離產品最近的人取得第一手資料。參觀工廠時，你可以和製造人員聊天，了解他們的疑慮。你也能藉由與銷售和製造人員會面，評估他們的技術能力；市場考察則是接觸客戶，從他們的評論中發現問題和機會。	對業務部門主管最有用。
專案試行計畫	深入了解技術能力、組織文化和辦公室政治。儘管這些資訊並非專案試行計畫的主要目標，但是你可以從組織或團隊對試行計畫的反應，得到很多資訊。	所有層級的主管都適用。在組織階級越高，試行計畫的規模及影響力也隨之擴大。

的環節（當然，除非面臨重大問題）。

學習計畫的核心是周而復始的學習過程，其間你會蒐集資訊、分析過濾、發展並檢驗假設，從而逐步加深對新組織的了解。當然，尋求哪方面的見解要視情況而定。你可以按照以下的學習計畫模式（請參見後面的「學習計畫模式」）著手進行。我們將在第三章探討不同類型的轉職情境，再回頭來談論你必須學些什麼以及何時學習。

學習計畫模式

上任前

- 盡可能找出關於組織策略、架構、績效與人員的資訊。
- 尋找外部對組織績效的評估，了解有見識、立場公正的人如何看待它。如果你是低階主管，請與供應商和客戶這類與團隊往來的相關人士交談。
- 尋找熟悉組織的外部人士，包括前任員工、剛退休的員工，以及與組織有業務往來的人，針對歷史、政治、文化提問，最好是開放式的問題。如果可能的話，與你的前任主管聊聊。

- 和新上司交談。
- 初步了解組織後，寫下你的第一印象與想法。
- 整理出一套問題，做為到職之後系統調查的依據。

到任後不久

- 檢視詳細的營運計畫與考績和人事資料。
- 一一會見直屬部屬，詢問他們之前擬訂好的問題，除了藉此了解相似與分歧的觀點，也能進一步認識對方。
- 評估關鍵界面[26]的運作狀況。你可以了解銷售員、採購員、客服人員和其他人對組織與外部相關人士往來的看法，也能得知只有他們看得到的問題。
- 由上而下測試策略是否一致。詢問高層主管公司的願景和策略為何，然後調查這些信念滲透到哪一層級，藉此得知前任領導人是否已經把組織的願景和策略推廣到所有層級。
- 從下至上測試對挑戰和機會的警覺。首先是詢問第一線員工對公司的挑戰和機會有什麼看法，然後一路問上去。透過這個方法，你可以了解管理高層是否能掌握組織脈動。

- 更新你的問題與假設。
- 與上司會面，討論你的假設和發現。

第一個月結束時

- 召集團隊，告訴他們你初步觀察的結果，藉此引導出對觀察的肯定或質疑，同時進一步了解團隊和其氛圍。
- 現在由外而內分析關鍵界面，藉此得知供應商、客戶、經銷商與其他外部人士對組織的看法，並了解組織的優缺點。
- 分析幾個主要流程，和負責人會面，請他們列出並評估這些流程，藉此了解產能、品質和可靠程度。
- 與負責整合的人見面，了解公司的不同部門如何整合。他們是否察覺到別人沒有發現的問題？找到公司的「歷史學家」，他們可以幫助你了解組織的歷

㉖ Key Interfaces，意指組織內不同單位、外部的相關人士或各種機械設備、硬體軟體、做事流程，在訊息、資源、資金等方面的交流聯繫。

史、文化和政治，此外，他們也可能成為你的盟友，或者幫助你影響他人。

- 更新你的問題和假設。
- 再次與上司會面，討論你的觀察結果。

取得幫助

加速學習的責任主要在你身上，不過許多相關人士的支持可以讓這個過程沒那麼辛苦。上司、同事，甚至直屬部屬都可以幫助你加速學習。但是，要獲得協助，你必須明確讓對方知道你打算怎麼做，以及他們可以如何協助。**最重要的是，你必須願意向人求教，而不是認為自己應該什麼都懂、必須從走進大門的那一刻起就掌控全局**。

取得學習上的支持對於加入新團隊的領導人尤其重要，無論你是從外部到職，還是在同一間公司的不同部門調動（也就是內部到職，如同前面討論的，難度大約是外部到職的七〇%）。遇到這兩種情況，你都可能進入截然不同的文化、缺乏既有的人脈。如果新組織提供完整的到職制度，應該有助於了解文化，並協助你辨識主要利害關係人、與他們建立關係。假使沒有的話，就要主動尋求類似協助。

小結

深入了解後，學習的重點和策略必然會改變。與新上司互動、思考在什麼地方取得初期成效、建立盟友，都必須得到更多確實的見解。因此請定期複習這一章，重新評估學習目標，並制定新的學習計畫。

檢查清單：加速學習

1. 在了解新組織方面，你的學習成效如何？你是否可能落入「勢在必行」的陷阱？還是帶著「正確答案」前來？假使如此，如何避免這種情況？
2. 你有哪些學習目標？請根據你目前取得的資訊，擬訂一份問題清單，做為初期調查的依據。如果對現況已經有一套想法，你的想法是什麼？如何驗證這些假設？
3. 如果你有疑問，想找出答案，有哪些人可能提供有效的觀點？
4. 如何提升學習效率？你可以採用哪些系統化的方法，好好運用投注的時間和精力？
5. 公司是否可以提供幫助你加速學習的支援方案，如何充分利用？
6. 找出上述問題的答案後，請著手制定學習計畫。

第 3 章

根據情境，調整策略

卡爾・列文（Karl Lewin）最擅長的就是處理危機，事實上，他最近才在短時間內成功整頓全球食品（Global Foods）這間跨國公司的歐洲生產業務。但是，他不太確定同一套方法是否適用他在公司的新職位。

列文是全球食品的高層主管，在德國出生、進取心強烈。他在歐洲當機立斷，改造瀕臨瓦解的業務。先前公司過度重視併購擴張，並專注各國營運，因而錯失許多機會。列文在一年裡，集中管理最重要的製造支援部門、關閉四間效率最差的工廠，並且將很大一部分的生產單位轉移到東歐。改變雖然不容易，但是十八個月後就開始見效，營運效率顯著提升。

但是表現優異卻必須承擔更為繁重的任務。列文在歐洲成績亮眼，因此奉命擔任公司位於美國新澤西州總部的北美業務供應鏈執行副總裁。這項職位的責任比以前重大，他必須整合製造、策略採購（Strategic Sourcing）、出貨物流和客戶服務。

與歐洲情況不同的是，北美洲的營運沒有迫在眉睫的危機，列文發現這正是問題所在。組織長期以來表現優異，直到最近才出現下滑的跡象。前一年，在業界標竿評比（Industry Benchmarks）中，公司的生產績效在整體效率方面略低於平均值，而在準時交貨的客戶滿意度這個重要項目，也落居後面的三分之一。這樣的表現絕對差強人意，但是還不到迫切需要徹底整頓的地步。

然而，根據列文評估，嚴重的問題正在醞釀。公司上下都沉溺於滅火救急，主管以自己的危機處理能力沾沾自喜，而不是事先防範。列文相信公司遲早會出大問題。此外，高層主管做關鍵決策往往過度依賴直覺，公司的資訊系統也沒有提供正確客觀的數據。列文認為，這些缺失使得許多人對組織的未來抱持毫無根據的樂觀態度。

若想順利接掌團隊，你必須完全掌握當前情勢，並了解自己必須做什麼以及怎麼做。像列文這樣的領導人，首先必須集中精力回答兩個基本問題。首先是，**他們找我來接掌這個職位，是希望我主導什麼樣的改變？**回答這個問題之後，你才知道如何就當下情況找出合適的策略；第二個問題是，**我是什麼樣的領導人，如何引領變革？**這個問題的答案會提醒你該如何調整領導風格。仔細研判眼前的情勢，有助於釐清你面臨的挑戰和機會，以及你握有哪些資源。

使用STARS模型

STARS是五個英文字的字首縮寫，代表領導人可能遇到的五種經營情況，分別是：新創事業（Start-up）、徹底改造（Turnaround）、加速成長（Accelerated growth）、調整重組（Realignment）和維持成功（Sustaining Success）。STARS模型包含五種不同情況的特質與挑戰，包括成立事業、把公司拉回正軌、因應快速擴張、讓過去表現優異，如今面臨嚴重問題的企業重振雄風、管理表現良好的組織，將之提升到更高境界。

無論是STARS的哪一種情況，最終目標都一樣：運作順暢、不斷成長的企業。不過其中的挑戰和機會，如表3-1「STARS模型」所示，會依據情況而有所不同。

五種STARS模型有什麼主要特徵？在**新創事業階段**，你要負責整合各種能力，包括人員、資金和技術，才能讓新的業務、產品、計畫或人脈起步。意思是你可以透過招募團隊、制定目標、建立業務架構，從一開始就塑造這個組織。相較於面臨困境的團隊成員，參與新創事業的成員可能士氣高昂、充滿希望。但是，新創組織的員工通常不如徹底整頓階段的員工那樣能夠專注於關鍵問題，因為傳遞組織能量的願景、策略、架構和制度都還沒有到位。

在**徹底改造**的情況下，你接下各方公認深陷危機的部門或團隊，必須設法將之拉回正軌。徹底改造是典型的火燒屁股、生死關頭，必須果斷行動。大多數人都知道需要大幅度改革，不過他們可能茫無頭緒，對於必須做什麼還意見分歧。徹底改造是「先行動，再定目標」（Ready-Fire-Aim）的情況：你必須在缺乏完整資訊的情況下做出困難決定，了解更多之後再進一步調整。相形之下，調整重組（以及維持成功）則是偏向「先定目標，再行動」（Ready-Aim-Fire）的情況。徹底改造時，新上任的領導人必須在短時間內去蕪存菁、從頭打造，才能扭轉劣勢。如果順利熬過這個痛苦的過程，企業就能處於維持成功的局勢。如果改造失敗，結果不是關門大吉就是變賣資產。

至於**加速成長**的情況，則是組織開始穩步前進、擴張規模，通常意味著你必須制定必要的架構、流程和制度，好讓企業（或計畫、產品、關係）快速擴展。你也可能要雇用並引入

表 3-1　STARS模型

	新創事業 Start-up	徹底改造 Turnaround	加速成長 Accelerated growth	調整重組 Realignment	維持成功 Sustaining Success
定義	• 集結各項能力（人員、資金和技術），創立新企業或推動新計畫	• 挽救各方公認深陷危機的公司或計畫	• 管理快速擴張的組織	• 帶領過去表現優異、如今出現問題的企業重振雄風	• 維護成功組織的生命力，並將其提升到更高層次
挑戰	• 在缺乏明確框架或範圍的情況下，從無到有建立策略、架構和制度 • 招募人才，組成表現卓越的團隊 • 用有限的資源做出成績	• 鼓舞士氣低落的員工與其他利害關係人 • 在時間壓力下做出有效的決策 • 必須大幅縮減規模、裁撤人事，過程相當痛苦	• 調整組織架構和制度，好讓未來有擴張的餘裕 • 協助大批新員工融入	• 讓員工相信組織必須調整改變 • 謹慎改組領導團隊，調整營運重心	• 在前任領導人的陰影下，管理他人建立的團隊 • 提出多種新做法前，必須做好防範措施 • 設法讓公司更上一層樓
機會	• 你可以一開始就把事情做對 • 充滿無限可能，令人振奮 • 沒有先入為主的偏見	• 大家都體認到改革是必要的 • 受影響的相關人士會傾力支持 • 小小的成果就影響深遠	• 公司的成長潛能會激發員工士氣 • 人們願意全力以赴，並加強要求部屬	• 公司仍然具備多項優勢 • 同事希望繼續保持成功的形象	• 可能已經擁有優異的團隊 • 同事有動力延續過去的成功 • 可能已經奠定長期成功的基礎（例如完善的產品線）

大量人才，並確保他們能夠融入公司的文化。當然，其中的風險在於擴張太快或太大。

新創事業、徹底改造和加速成長的情況都包含建設工作，必須耗費大量資源。由於沒有太多足以做為基礎的既有架構或能力，你幾乎得重頭開始，或者在加速成長的情況，則是在牢固的根基上建蓋。相反的，如果是調整重組和維持成功的情況，你進入形勢明顯有利的組織，但是限制也比較多，做起事來綁手綁腳。幸運的是，遇到這兩種情況，你通常有緩衝的時間，不用立即做出重大決策。這樣很好，因為你必須先深入了解組織的文化與政治、建立同盟。

內部的自滿情緒、關鍵能力變差，或是外部的挑戰，都可能導致原本成功的企業陷入困境。在調整重組階段，你的挑戰是要振興陷入危機的部門、產品、流程或計畫。烏雲在地平線的另一頭密布，不過風暴尚未來臨，很多人甚至連烏雲都還沒看到。最大的挑戰往往是營造緊迫感，因為很多人可能還不願面對現實，領導人必須設法讓同事正視問題。這就是列文在北美遇到的情況。這個階段的好消息是組織可能在某些層面握有優勢（例如產品、客戶關係、流程或員工）。

如果是維持成功的情況，你的責任是維護成功組織的生命力，同時讓它更上一層樓。這不代表組織可以安於現狀，相反的，意思是你必須深入了解企業成功的因素，並做好準備，以因應無法避免的挑戰，讓公司持續繁榮茁壯。**事實上，維持成功的關鍵往往是必須不斷啟動、加速和調整不同業務。**

此處的一個重點是，**若想順利接掌新職，很大一部分取決於你能否以可預測的方式轉變組織內盛行的心態**。在新創事業階段，普遍的情緒是興奮、迷惑，你的任務是將這種能量引導為生產力，其中包括決定哪些事有所不為；在徹底改造的情境，你可能面對一群近乎絕望的人，你的任務是為他們提供具體的計畫，幫助他們前進，並讓他們相信這麼做，情勢就會好轉；在加速成長的情況，你要幫助同事了解組織必須更有紀律，並要求他們按照定義明確的流程和制度做事；如果是調整重組，你可能得揭開遮蔽現實的面紗，讓他們正視重整業務的必要；最後，如果是維持成功，你要設法激勵員工、破除自滿，為組織和個人找出新的成長方向。

假使不了解組織過去的成就以及走到這一步的原因，就不可能確定組織未來的方向。例如列文面對的調整重組情境，他必須了解組織成功的原因，以及現在為何陷入困境。若想了解所處情境，就必須深究組織的歷史。

但是，如果你並非掌管一整間企業，是否還能使用STARS模型來了解眼前的挑戰？絕對可以。無論你在組織的層級高低，都可以運用這個模型。你可能是新上任的新創公司執行長，或是管理新生產線的初級主管、負責新產品上市的品牌經理、領導產品開發專案的研發團隊主管，或是在組織內推行新系統的資訊技術經理。上述所有情況都具備新創事業的特質，同樣的，**無論規模大小，公司的各個層面都可能出現徹底改造、加速成長、調整重組和維持成功的情況**。

診斷你的STARS組合

實際上，你不太可能遇到單純的新創事業、徹底改造、加速成長、調整重組或維持成功的情況。乍看之下，你的狀況也許能歸納到其中一個類別，不過一旦深入研究，十之八九都會發現自己面對的狀況，在產品、計畫、流程、工廠或人員方面，融合了STARS的不同情境。例如你接掌的組織可能擁有廣受歡迎、成長中的產品，同時內部一個團隊正運用新技術推出一系列新產品，或者你要協助一家擁有數間高績效、尖端技術工廠的公司徹底改造。

運用STARS模型的下一步是診斷你的STARS組合，你必須了解在新組織裡，哪些部分屬於五個情境的哪一類。花一些時間，使用表3-2「診斷你的STARS情境組合」，把你的新職責（例如產品、流程、計畫、工廠和人員）與這五個類別相對照。在不同組合下，你要如何以不同方式管理不同部分？這項練習能讓你按部就班地思考各部分的挑戰和機會，也提供一套共通的語言。讓你在與新上司、同事以及直屬部屬溝通時，能夠有所依據，幫助他們了解你打算怎麼做，以及決定這麼做的原因。

使用此表來辨識你面臨的STARS情境組合。首先，找出新職務的哪些元素（計畫、項目、流程、產品，或是全公司的業務）符合哪一種STARS類型；在第二列列出這些工作項目。不一定每個類別都要填滿，也許所有工作都可以歸納到徹底改造，或是同時符合兩、三種類別。接著，在第三列估算接下來九十天內，每一個類別應該分配多少百分比的工

表3-2　診斷你的STARS情境組合

STARS情境	工作項目	重要性百分比
新創事業		
徹底改造		
加速成長		
調整重組		
維持成功		

作量，加起來是一〇〇%。最後，思考你偏好哪一種情境。如果你正好分配最大比例給那個情境，請確定個人偏好不是主要原因。

引領改變

領導改變沒有千篇一律的方法，這就是了解STARS組合為何那麼重要。如果使用STARS模型，列文就能辨識出他面對的調整重組情況（問題逐漸增多，但是尚未出現必須立刻處理的危機）與他在歐洲成功引領的徹底改造（出現緊急情況，必須在短時間內大動干戈）之間存在明顯差異，並確認自己如何根據當前狀況，決定領導改變和自我管理的方法。如果列文誤認情勢，打算徹底改造、大刀闊斧地改革，就可能引發積極與消極的抵抗，妨礙他推動必要的變革，加上他又是外人，本來就容易遭到孤立排擠。釐清北美業務的當務之急後，列文採用較為謹慎的做法。

了解當前狀況的STARS組合與主要的挑戰和機會後，你就能採用正確的策略來領導變革。不過，要做到這一點，你必須根據書中列出的方法，在接下來的九十天創造前進的動力。具體來說，你必須權衡優先順序、定義策略的意圖、找出上任初期可以做出哪些成績、建立合適的領導團隊與支援網路。我們來看看列文在徹底改造和調整重組的情況下做法有何不同。（請見表3-3）

當然，第一步是**重點式學習**。之前歐洲的情況需要徹底改造，列文必須迅速評估公司的技術層面，包括策略、競爭對手、產品、市場和技術，就如同外聘顧問的做法。到北美接任新職，列文在學習上的挑戰就變得截然不同。當然，了解技術層面還是很重要，但是更重要的是企業文化與辦公室政治，因為即使公司表現良好，也可能由於人際糾葛而陷入困境，而且要讓組織成員認清變革的必要，困難之處往往不在技術層面，而是在於人事紛爭。尤其列文新來乍到，如果沒有深入了解組織的文化與政治，就難以成為優秀的領導人，甚至可能職位不保。

同樣的，列文**在擬訂優先工作時，也必須權衡當前情勢的需求**。歐洲的徹底改造需要快刀斬亂麻。由於組織的策略和架構阻礙公司實現目標，必須盡快改善。因此，列文關閉工廠、轉移生產線，並大幅裁員。同時，他在短時間內將重要的製造單位集中管理，以避免過度分散，進而降低成本。相較之下，在北美的任務主要是調整重組，不用立即改變策略或架

表3-3 徹底改造與調整重組的差異

	徹底改造	調整重組
1. 有條理的學習 找出最需要了解哪些事物、向哪些人學習，以及最好的學習方式。	• 著重於了解技術層面（策略、市場、技術等）。 • 準備迅速採取行動。	• 著重於了解組織的文化和辦公室政治。 • 準備謹慎行動。
2. 制定策略意圖 打造能夠打動人心的願景，並傳達給同事，勾勒出實現願景的具體策略。	• 裁撤非核心業務。	• 提升並善用現有的能力。 • 激發創新。
3. 列出優先工作 找出幾個重要目標，然後全力以赴。思考你上任第一年打算取得什麼成績。	• 快速、大膽行動。 • 專注於策略和結構。	• 三思而後行。 • 專注於系統、技術和文化。
4. 打造領導團隊 評估你接手的團隊。明快地做出必要的改革；在聘用外部人才和拔擢內部優秀員工之間找出最佳平衡。	• 大幅撤換高層主管。 • 從外界招募人才。	• 重要人事微幅調整。 • 拔擢內部有潛力的人才。
5. 及早做出成績 仔細思考如何初試身手，想辦法建立個人聲望，並激發同事士氣。	• 把組織的心態從絕望轉為希望。	• 把組織的心態從不願面對現實轉變為正視問題。

（續下頁）

表 3-3　徹底改造與調整重組的差異（續上頁）

	徹底改造	調整重組
6. 建立支援的盟友 了解公司的運作方式，以及哪些人有影響力。結交重要盟友，取得對於計畫的支持。	• 爭取上司與其他利害關係人的支持，以獲得必要的資源。	• 爭取同事和部屬的支持，以確保計畫執行成效。

構，公司的產能或生產力沒有重大問題，因此不需關閉工廠。製造部門原本就是集中管理，運作健全。真正的問題在於系統、技術和文化，因此列文才會選擇把心力放在這些層面。

在上述兩種情況，列文建立領導團隊的方式也深受情勢影響。為了在短時間內整頓歐洲業務，列文撤換高層主管，並從外部招聘人才來繼任。不過在北美，他接手的領導團隊已經非常優秀。儘管如此，他還是意識到自己必須微幅調整人事，例如幾個主要製造部門的領導人必須具備更強的技術背景，才能支援他計畫推動的系統變更。此外，還有一位頗具影響力的主管，儘管列文竭力說明，還是無法體認改變的必要。此人無所作為，很可能破壞列文的威信，他只能請對方離開。該名主管離職也讓組織其他成員了解列文的決心。同時，列文從內部拔擢人才，填補出缺的職位，這麼做有助於讓組織上下支持他的計畫。同事會發現，除了專注缺失，列文也肯定他們的優點。

最後，列文做出正確的判斷，確保自己一開始就做出成績。徹底改造時，領導人必須幫助同事脫離絕望的心態。列文在歐洲透過關閉營運狀況不佳的工廠、轉移生產線來做到這一點，使組織重新聚焦於核心優勢，刪減不必要的方案和計畫。相較之下，在調整重組時，列文上任之初最重要的成果是讓員工了解改變的必要。他採用的方法是強調事實和數字，包括修訂公司在製造與客服方面的績效指標，讓員工重視這兩個環節的重大缺失。他也引入業界的標竿評比，並聘請有名望的外部顧問進行嚴格評估，借用外部客觀的建議來幫助他發聲。透過這些做法，他破除公司內毫無根據的樂觀氣氛，讓同事正視組織的問題。

自我管理

在自我管理方面，也要根據組織所處的STARS情境加以調整，尤其是決定採用什麼領導風格，以及要讓別人視你為「英雄」還是「總管」。

徹底改造的情況下，員工通常迫切想看到希望、願景和方向，此時就需要手中持劍、英勇抗敵的英雄式領導風格。處境艱困時，人們會追隨英雄，聽從指揮。此時你必須快速診斷營運狀況（市場、技術、產品、策略），然後大刀闊斧、去蕪存菁，通常必須在資訊不充分的情況下果斷行動。

顯然，列文在歐洲就是這麼做。他主導大局、診斷情況、確定方向，並當機立斷，知所取捨。由於前景似乎一片黯淡，員工願意依照他的指令行事，很少人抗拒。

相較之下，**遇到調整重組情況的領導人，必須更近似總管或僕人，運用更多外交手腕，而非獨斷獨行，才能營造出改變勢在必行的共識**。此時得運用微妙的影響力技巧；厲害的總管熟知組織文化和政治。對於決定保留或捨棄哪些人員、流程和資源，總管比英雄更有耐心和條理。他們會煞費苦心地讓同事了解改變的必要，像是宣傳診斷結果、影響意見領袖，並鼓勵標竿評比。

列文接任北美洲的職位，就必須收斂部分的英雄特質。他必須仔細評估、謹慎地推動改變，並且為了長遠的成功奠定基礎。**轉職過渡期的領導人能否根據不同情勢調整領導策略，主要取決於他能不能遵循自我管理的原則：提升自我了解、強化個人紀律，以及建立出互補的團隊**。

由於必須具備的特質不同，英雄很容易在調整重組和維持成功的情況下栽跟頭，而總管則較不擅長面對新創事業和徹底改造的情境。徹底改造經驗豐富的人，面對調整重組，可能太快行動，因而引發阻力。有豐富調整重組經驗的人，遇到徹底改造，則可能太慢行動、耗費精力培養沒必要的共識，白白浪費寶貴的時間。

這不代表英雄無法喚醒內心的總管，反之亦然。儘管沒有人在每一方面都同樣擅長，但優秀的領導人無論在哪一種STARS情境下都能有卓越表現。重要的是冷靜評估，了解自己的哪些技能和天性在特定情況下能派上用場、哪些可能帶來麻煩。如果是需要盟友的情況，就不要一上任就準備開戰。

另外也要記得，領導團隊需要眾人齊心協力。團隊中英雄和總管（所有組織都需要這兩種人）的比例，也取決於STARS的情境組合。列文在北美洲努力扮演總管的角色，但他知道自己的天性比較偏向英雄式的管理風格。這種自我認知有三個層面的意義：首先，他需要在團隊中安插天生適合擔任總管的人，以便向他們徵詢意見（防止他做事過度輕率），並委派部分必要的推廣任務；其次，他必須確認哪些領域適合採用英雄式管理，畢竟，即便最成功的組織，也會有部分環節出現嚴重問題，只要不是故意搧風點火、製造出需要英雄出面解決問題的狀況，也沒有妨礙調整重組的大方向，就能從中取得平衡；第三，列文在聘用、提拔和指派同事參與重大計畫時，必須考量對方在STARS情境下的偏好和能力。

獎勵好表現

STARS框架也可以連結到我們該如何評估部屬表現以及希望營造什麼樣的文化。

《哈佛商業評論》有一項針對轉職過渡期的研究，可以解釋這個重要觀點。調查對象指出他們認為哪一種STARS情境最具挑戰，以及他們比較希望面對哪一種情況。表3-4「最困難與最偏好的STARS情境」歸納出調查結果，相當耐人尋味。調查對象表示最具挑戰的情境是調整重組，再來是維持成功和徹底改造，而新創事業與加速成長則是容易許多。然而，

表 3-4　最困難與最偏好的STARS情境

調查對象指出他們認為哪一種STARS情況最具挑戰性，以及他們偏好哪一種情況（即如果可能的話，他們會選擇哪一種）。評估結果的差異很明顯，尤其如果把需要果斷行動、威權式管理的STARS情況（新創事業、徹底改造和加速成長）加總起來，與更需要學習、反思和發揮影響力的情境（調整重組與維持成功）加總起來的數字相比較。

STARS情境	最具挑戰	偏好的情境
新創事業	13.5%	47.1%
徹底改造	21.9%	16.7%
加速成長	11.6%	16.1%
調整重組	30.3%	12.7%
維持成功	22.6%	7.4%
總計	100%	100%
新創事業＋徹底改造＋加速成長	47.1%	79.9%
調整重組＋維持成功	52.9%	20.1%

他們偏好的情境則是剛好顛倒，新創事業（到目前為止）最受到歡迎，其次則是徹底改造和加速成長。

這樣的結果並不令人意外，原因也呼之欲出，不是因為人們偏好容易應付的情況，而是喜歡比較有趣、更能獲得認可的情境。

新創事業或徹底改造若有成效，必然是顯而易見、容易衡量的個人成就。相形之下，在調整重組的情況，做得好代表能避開災難，也就是什麼也沒發生，所以不容易衡量，得靠大偵探福爾摩斯才會注意到狗為什麼沒叫。此外，調整重組時，必須先耗神費時地讓組織上下意識到改變的必要，意思是通常得歸功給團隊，而非個人。至於維持成功的獎勵，正如很少人會打電話給電力公司，說：「感謝你們，讓我們今天的燈還亮著。」但是一旦停電，批評聲浪就立刻出現。

矛盾的是，成功反轉失敗的組織（或是成立有趣的新事業），能夠獲得豐厚獎賞，而且大部分深具潛力的領導人很少對調整重組感興趣，而是偏好接受徹底改造或新創事業的挑戰與隨之而來的認可。那麼，究竟由誰來負責預防企業落入必須徹底改造的境地？而企業獎勵徹底改造，卻不知如何獎勵調整重組的事實，是否導致公司更可能陷入危機？老練的主管有沒有可能倚重較沒本事的員工，等他們把事情搞砸，就可以挺身而出、扭轉頹勢。

當然，整體重點在於，**不同STARS情境必須採用不同評估和獎勵方式**。主導新創事業和徹底改造的主管最容易評估，因為標準明確，可以與容易衡量的成果互相對照。

如果是調整重組或維持成功的情況，成敗就沒那麼容易衡量。調整重組的表現也許超乎預期，但是依舊不怎麼樣，或者由於順利避開危機，反而看起來像是什麼也沒發生。維持成功的情況也有類似問題。也許在競爭對手合力夾攻之下，只失去一小部分市占率，或是設法讓成熟業務的營收成長幾個百分點。

如果是調整評估和維持成功的情況，我們不知道採取其他行動或由其他人負責，結果會是如何，也就是「跟什麼相比」的問題。遇到這類情況，衡量表現就要更花心思，因為你必須深入了解新領導人面對的挑戰與他們採取的行動，才能評估他們的對策是否充分。

小結

進一步了解新組織之後，你對STARS組合的理解一定更深入了，甚至可能改變想法。請定期回顧這一章，重新評估你對組織的診斷，並思考這代表你要做些什麼以及必須由誰來做。

檢查清單：根據情境，調整策略

1. 你接手的團隊面臨什麼樣的STARS情境組合？職責有哪些部分屬於新創事業、徹底改造、加速成長、調整重組或維持成功的模式？

2. 你可能遇到什麼樣的挑戰和機會？這對你加速調適的做法有什麼影響？

3. 對你的學習流程有什麼影響？你是否只要學習業務的技術層面，還是了解文化和政治層面也很重要？

4. 組織中盛行的心態為何？你必須扭轉哪些想法？如何做到？

5. 針對所處情境，推動變革的最佳方式為何？

6. 接任新職後，面對不同情境，你的哪一些技能和優勢可能最具有價值，哪些情境可能對你不利？

7. 根據當前狀況，你必須建立什麼樣的團隊？

第 4 章

談出有利的條件

陳麥克（Michael Chen）在一家中型石油公司任職，最近獲得升職，擔任重要業務單位的首席資訊長，他雀躍不已，直到接到兩名同事的電話。兩人都對他說同一件事：「快點更新你的履歷表。凱斯會把你生吞活剝。」

他的新上司沃恩．凱斯（Vaughan Cates）是充滿幹勁的主管，素來以成效卓越、對員工嚴苛聞名。她最近接掌這個單位，已經有好幾名員工離職。

陳麥克的朋友覺得一定會出問題，其中一個說：「你過去做出不少成績，但是凱斯還是會認為你不夠積極。你擅長的是規畫和建立團隊，她會覺得你動作太慢，遇到困難的決定無法當機立斷。」

由於獲得預警，陳麥克決定與凱斯事先商談基本的工作內容，以爭取判斷和規畫的時間。陳麥克告訴她：「我需要九十天的時間，前三十天用來了解狀況。然後我會給妳詳細的評估報告和計畫，同時列出接下來六十天的目標和行動。」陳麥克定期向她匯報最新進展。三週後，凱斯向他施壓，要他決定是否採購重要系統，陳麥克堅持按照自己的時間表行事。三十天後，他提出一份讓新上司滿意的計畫。

再一個月後，陳麥克向凱斯報告他到目前為止的成績，並要求凱斯撥出更多人力，以推展主要計畫。她咄咄逼人地質問，不過他對業務情況瞭如指掌。最後她同意陳麥克的要求，但是設定嚴格的期限，要求屆時務必看到成果。陳麥克取得必要的資源，不久便能匯報他已經完成一些中期目標。

趁著勢頭正好，陳麥克在下一次開會時提到作風的問題，他表示：「我們的作風不一樣，但是我能夠把事情做好。我希望妳根據我的成果來評判我，而不是做事的方法。」陳麥克花了將近一年時間，終於和凱斯建立起扎實、有成效的工作關係。

如果希望像陳麥克一樣與新上司建立良好關係，就要**透過協議去爭取對你有利的條件。事先花時間經營如此重要的關係，絕對值回票價，因為新上司會設定評價你的標準，並向其他重要人士解釋你的行動，同時也控制你所需資源的管道。你能多快達到損益平衡點，甚至最終的成敗，影響最大的人就是你的新上司。**

透過協議爭取成功的條件，意思是積極地與新上司對話，訂出遊戲規則，你才有機會達成預期的目標。許多主管接任新職後只是被動地加入遊戲、應付各種狀況，最後落得失敗的下場。**你可以做的是和上司溝通，建立合理的期望、達成共識，並確保你能取得充分資源。**陳麥克就是與凱斯進行有效協商，為個人的成功奠定基礎。

請記住，你與新上司關係的本質，應該取決於你在組織的層級高低與當下情境。位階越高，你很可能有較多自主權，尤其如果和上司在不同地點工作，就更是如此。若能獲得必要的資源，沒人監督可能是好事，但是如果你能力不足、自掘墳墓，那就成了詛咒。

此外，遇到不同STARS情境，你需要從上司那裡得到的支援也不一樣。對於新創事業，你需要資源和不受更高層干擾的保護；如果是徹底改造，你可能需要有人敦促你在短時間內去蕪存菁；假使是加速成長，關鍵也許是確保適量投資；針對調整重組，你可能需要上級協助你說明改變的必要；維持成功則是要有人協助你了解業務，避免一開始犯下可能危及重要資產的錯誤。

你可以透過很多方法，和新上司建立有成效的工作關係，而且要在公司考慮讓你擔任新職時就開始。參加面試、獲得遴選，到正式上任的過程中，都要記得這件事。

本章會討論如何與新上司正確對話。即使接任新職後，你的上司還是同一人，仍然要讀這一章，因為你們的關係未必會保持原狀。上司對你的期望可能會不同，你也可能需要更多資源。**許多主管誤以為，即使職位不同，還是可以用相同的方式與同一位上司共事，別犯這種錯誤**。

此外，你也可以思考如何運用本章的概念和直屬部屬建立關係。畢竟，盡快讓他們達到平衡點，對你也有好處。

基本注意事項

如何與新老闆建立有成效的關係？以下是一些基本注意事項，先從不該做的開始說起。

- **不要避不見面**：如果上司沒有主動和你接觸，或者你們之間的互動沒那麼自然，你就必須主動接觸對方。不然的話，你們之間可能出現嚴重的隔閡。能夠自由發揮的感覺雖然很好，但是要按捺住那股衝動。定期與上司會面，確定對方知道你遇到什麼問題，你也了解對方的期望，特別是期望有無改變以及變成什麼樣子。

- **不要出其不意**：告訴上司壞消息雖然不好玩，但是大多數主管認為，部屬沒有及早呈報，比問題本身還糟。最糟的情況是上司從別人口中得知發生什麼事。一旦察覺有問題，至少要讓上司得到警訊。
- **不要只帶著問題找上司**：也就是說，你不希望自己被視為只會把問題帶給上司、要對方解決問題的人。你也必須擬訂一套計畫，不過這絕不代表你得提出完善的對策，花時間和精力構思對策時，可能已經來不及呈報。關鍵在於只要大致思考如何解決（也許只是蒐集更多資訊），以及你扮演的角色和需要什麼援助。（這個方法同樣適用於部屬，別對他們說：「不要告訴我問題，只要讓我知道解決方案。」更好的說法是：「不要只讓我知道出了什麼問題，也要告訴我你打算如何解決。」）
- **不要報流水帳**：即便是資深主管，也有很多人在開會時，和老闆一一核對手上的工作清單。有時這麼做的確沒問題，但是上司往往不太需要或不想要聽到這種事。你應該假設對方希望關注你手邊最重要的工作，以及如何提供協助。和上司開會前，先準備好最多三件你真正必須告知或採取行動的事項。
- **不要指望上司改變**：你和新老闆的做事風格也許南轅北轍，你們可能用不同方式溝通、激勵，監督部屬做事的詳細程度也不一。但是適應上司的風格是你的責任，你要配合上司的偏好調整。

同樣的，也有一些該做的基本事項，可以讓你做起事來更加輕鬆。

- **趁早並經常釐清期望**：從考慮接受新職的那一刻起，就要開始協調彼此期望。面試的時候，把談話重點放在期望上。如果上司希望你在短時間內解決問題，但是你知道公司的結構有嚴重缺失，那就不太妙。**趁早把壞消息搬上檯面、降低不切實際的期望，才是明智的做法。另外要定期核對，確保老闆的期望沒有改變**。如果你是加入新組織，對文化和政治尚未深入了解，重新檢視期望就格外重要。
- **主動建立良好關係**：這是「不要避不見面」的另一面。不要指望上司主動接觸或伸出援手、提供必要的時間和支持。最好先假設與老闆維持良好互動是你的責任，如果老闆也主動伸出手，那就是意外的驚喜。
- **和對方溝通診斷問題與行動計畫的時間表**：不要讓自己在還沒準備好的情況下，就得滅火或做決定。為自己爭取一些時間，用來深入了解組織問題和制定行動方案，就算只有幾星期也好。陳麥克就是用這個方法和凱斯溝通，這對他來說很管用，對你或許也有幫助。本章末討論的九十天計畫就是很好的工具。
- **針對上司重視的領域，及早做出成績**：無論你個人的優先順序為何，都要弄清楚上司最關心什麼。他的優先任務和目標為何？你的行動如何配合對方的目標？一旦了解後，就可以在這些領域取得成效。一個好方法是**著重於上司最重視的三件事，並在每次互動時討論你的進展**，這樣一來，你如果做出成績，上司也會有參與感。

- **從上司尊重的人那裡獲得好評**：新上司對你的看法一部分是根據直接互動，另一部分則是來自親信的評價。在你出現前，上司和你的新同事或部屬已有既定的關係。你不用討好上司的親信，但是要留意可能把你的消息和評價傳到上司耳裡的各種管道。

謹記以上基本規則，你就可以開始規畫如何與新上司互動。

規畫五種對話

你與新上司的關係會透過一連串的對話建立。接受新職前，雙方的討論就已經展開了，並延續到轉職過渡期與之後。對話會包含幾個基本主題。事實上，把與新上司的五種對話納入九十天計畫，討論與轉職過渡期相關的主題，對你會很有幫助。這些主題不用一次討論，而是分別融入不同對話之中。

1. **關於判斷情況的對話**：這個對話主要是設法了解新上司如何看待你接手的STARS

情境組合，是否包含新創事業、徹底改造、加速成長、調整重組，或維持成功的要素？組織如何走到這一步？哪些軟性或硬性因素是當前情況的挑戰？你可以運用哪些資源？你們的看法可能不盡相同，但是了解上司對情況的看法非常重要。

2. 關於期望的對話：在此對話中，你的目標是理解並協調期望。你的新上司希望你在短期和中期內達成什麼目標？如何才算做到？重點在於對方如何衡量你的表現與何時評估。你也許發現上司的期望不切實際，必須設法調整。此外，如同下一章會探討的，為了確保上任初期能做出成績，最好少承諾、多做事。

3. 關於資源的對話：此對話的本質是針對重要資源的協商。你需要哪些資源才能做事？你需要上司如何協助？這裡所謂的資源不限於資金或人員，例如，在調整重組的情況，你可能需要上司協助你說服同事，讓他們正視改變的必要。此處的關鍵在於讓上司意識到在不同資源的條件下你可以取得什麼樣的成績，以及其成本效益。

4. 關於作風的對話：這個對話的重點在於找出你和新上司保持互動的最佳方式。他偏好哪一種形式、針對什麼事溝通？是面對面，還是語音或電子郵件？頻率為何？哪些事情要事先徵詢他的意見才能做決定，哪些情況可以由你做主？你們的作風有何不同？這如何影響你們的互動方式？

5. 關於個人發展的對話：接任新職幾個月後，你就可以開始討論自己的進展與未來的發展重點。你在哪些方面表現良好？哪些方面需要改進或是改採不同做法？如果不會影響你的優先要務，有沒有你能接手的專案或是特殊任務？

實際操作時，涉及這些主題的對話會不斷重疊、演變。你可能一次會面時提出五個問題中的幾個，或是透過一連串簡短交談處理其中一個問題。例如陳麥克是利用一次會談討論作風與期望，並擬訂了解現狀、進一步討論期望的時間表。

不過**上述的順序是有邏輯的，你一開始對話的重心應該擺在判斷情境、期望和作風。了解更多之後，就能協調資源、重新判斷狀況或設定期望。等到你覺得關係已經夠穩固，就可以引入關於個人發展的對話。**請花時間計畫每一次對話，並明確地讓上司知道，你希望每次交流能夠取得什麼成效。

使用表4-1來評估五種對話的進展以及接下來三十天的重點任務。如果你正在面試新職務，請使用這個表格記錄到目前為止取得的資訊，同時找出對話的重點。

現在運用以下具體的方法，規畫與新上司五種對話的下一步。

規畫關於情境的對話

這個對話的目標，是討論當前的營運狀況與相關的挑戰和機會，並取得共識。這樣的共識是未來所有工作的基礎。如果你和上司沒有就當前情境取得一致想法，你就很難獲得必要

表 4-1　五種對話

對話	目前進展	未來30天的重點
情況： 上司如何看待當前的STARS情境？		
期望： 新上司期待你完成什麼任務？		
資源： 你握有哪些資源？		
作風： 最好的合作方式為何？		
個人發展： 哪些方面表現不錯？哪些事情需要改進？		

的支持。因此，一開始討論應該把STARS模型當做共通的語言，明確辨識當下情境。（正如我稍後將討論的，這個方法也適用在你自己的團隊。）

根據情境爭取支持

你必須從上司那裡獲得什麼樣的支援，取決於你所處的STARS情境，是新創事業、徹底改造、調整重組、加速成長、維持成功，還是幾種狀況的組合。一旦就現況取得共識，請仔細思考你需要新上司扮演什麼角色和所需要的支援。無論是哪一種情況，你都需要上司給予你指導、支持和做事的空間。表4-2列出上司在不同STARS情境下可能扮演的角色。

規畫關於期望的對話

關於期望的對話目的是讓你和上司釐清並協調對未來的期望。你們要就短期和中期目標，以及達成目標的時間點達成共識。重要的是，你們必須對衡量進展的方式想法一致。也就是對於上司和你來說，怎樣才算達成目標？上司期望什麼時候看到成果？如何衡量成效？你有多少時間？達成目標後，下一步是什麼？如果沒有好好駕馭期望，就會被期望鉗制住。

讓期望切合當下情境

你們的期望必須切合情境，例如徹底改造的情況，你和上司也許一致認為必須果斷行動，兩人對於近期目標就有明確的期望，例如裁撤人事、降低非必要成本，或是著重於利潤最高的產品。如果是這種情況，你們也許可以透過整體財務績效是否改善來衡量表現。

針對上司重視的領域，及早做出成績

無論個人的優先要務為何，你都要找出上司最關心的事，並針對這些領域，及早做出成績。若想成功，你需要上司的協助；相對的，你也要幫助上司成功。如果重視對方最關心的

表 4-2　根據不同情境提供的支援

情境	上司扮演的角色
新創事業	• 協助部屬迅速取得所需資源 • 提供明確、可衡量的目標 • 在關鍵時刻給予指引 • 協助部屬保持專注
徹底改造	與新創事業相同，再加上： • 支持部屬做出困難的人事決定 • 支持部屬改變或修正公司的對外形象 • 幫助部屬在短時間內去蕪存菁
加速成長	與新創事業相同，再加上： • 協助部屬取得資源，並以正確的方式和速度推動成長 • 支持新制度與結構
調整重組	與新創事業相同，再加上： • 協助部屬說服同事，讓他們了解改變的必要，尤其是新加入組織的部屬
維持成功	與新創事業相同，再加上： • 不斷檢視情況：這是維持成功的情境，還是調整重組？ • 支持部屬守成，避免部屬犯下損害業務的錯誤 • 協助部屬找出方法，讓組織更上一層樓

任務，對於你的成就，上司也會有參與感。最有效的方法是結合上司的目標與個人努力的目標，如果不可能做到，那就單純針對上司的優先要務，及早做出成績。

認清忌諱

你要盡快找出組織裡是否有些部分（產品、設備、人員）是新上司專屬的勢力範圍。你不會希望臨時才發現自己打算關閉的生產線，是上司一手創立，或是撤換他忠實的盟友。所以要試著推想上司的敏感地帶，**藉由了解對方經歷、和其他人交談，以及密切注意臉部表情、語氣和肢體語言來做到這點**。如果還是沒把握，那就慢慢將想法像氣球一樣輕輕放出，試探上司的反應。

調整上司的想法

你的當務之急是讓上司了解你能夠並應該實現哪些目標。你可能發現對方的期望不切實際，或根本與你認為該做的事大相逕庭。倘若如此，你就要努力讓兩人的觀點漸趨一致，例如調整重組的情況，你的上司可能認為最大的問題出在某部分業務，而你認為問題在於其他地方。此時，你必須讓上司明白問題的根源，他才會重新設定期望。務必謹慎行事，尤其如果上司對過去的做法投入很多心血，或是認為自己必須為這些問題負一部分責任。

少承諾、多做事

無論你和上司是否就期望達成共識，你都要盡可能少承諾、多做事。這個策略有助於建立個人信譽，因為組織改變的能力也會影響你能否兌現承諾。所以**承諾時要盡量保守**，假使你的成果超乎預期，上司會覺得很滿意。如果信口開河，最後卻做不到，聲譽必然受損。就算你實際上取得不少進展，在上司眼裡你還是沒有達成目標。

釐清、釐清、再釐清

即使確信自己知道上司的期望，也應再三確認、釐清。有些老闆知道自己想要什麼，但不擅於表達。你絕對不希望自己上路後才發現根本走錯路。因此**你要不斷提問，直到確認自己完全理解，例如可以用不同方式提出相同的問題，以得到更多資訊**。練習準確地解讀弦外之音，設想上司希望看到什麼成果。試著從上司的角度理解他的老闆如何評估他。思考自己在大局中扮演什麼角色。最重要的是，對於關鍵議題不能模稜兩可，務必釐清目標和期望。如果在期望方面出現爭議，贏的人不會是你，而是你的上司。

規畫關於資源的對話

關於資源的對話是與新上司針對重要資源持續的協商。進行這個對話前，你必須與上司就STARS情境組合以及相關的目標和期望達成共識。接下來就必須確保自己能取得達成這些目標所需的資源。

需要什麼資源，取決於當下的情境：

- 如果是**新創事業**，你最迫切的需求可能是充分的財務和技術支援與適當的專業人才。
- **徹底改造**時，你需要足夠的威權與有力人士撐腰，你才能壯士斷腕，同時確保自己得到稀缺的財務與人力資源。
- 在**加速成長**的情況下，你需要必要的投資以推動成長，另外還要取得對建立制度與架構的支持。
- 如果是**調整重組**的情況，你需要一致、公開的支持，才能讓組織正視改變的必要。理想情況是上司與你同心協力，破除組織不願面對現實和自滿的情緒。
- **維持成功**的情況則是需要財務與技術方面的資源，以維持核心業務、拓展有潛力的新機會。你也需要不時推動並設定有挑戰性的目標，以防止驕傲自滿。

第一步是確定為了達成目標，你必須取得哪些有形與無形的資源。先是確認當下可用的資源，例如經驗豐富的人才或即將上市的新產品；接著找出需要他人協助才能取得的資源，問一問自己：「我究竟需要上司提供什麼支援？」越快釐清所需資源，就能越早提出要求。

最好盡早將所有選項擺上檯面。可以用選單方式，列出投入不同等級資源的成本和收益，例如：「如果希望明年的銷售額增加七%，我需要X美元的資金；要是希望增加一〇%，就需要Y美元。」**不時回頭要求更多資金絕對會破壞聲譽。如果得花更多時間才能確定實現目標所需的資源，那就寧可多花點時間。**陳麥克就是透過溝通爭取必要的時間（時間也是重要資源），避開這個問題。

加入遊戲，還是改變遊戲規則？

你也許可以按照既定的遊戲規則達成目標。假使能在現有的文化和政治規範下運作，對資源的要求就不會超乎他人預期，你也比較容易取得必要資源。

其他情境下，尤其是調整重組或徹底改造，你也許得修正、甚至揚棄行之有年的做事方法。你需要的資源可能更廣泛，倘若無法取得，也對你更不利。你必須花更多力氣協商，才能獲得必要資源。遇到這種情況，你必須清楚知道環境、期望和資源該怎麼配合，你才有成功的機會。展開這類討論前，請先釐清自己的需求，並以實際數據支持你的說法，而且越多越好。另外也要準備解釋某些資源為何不可少。接著就是堅持立場、不斷爭取，同時尋求他人協助，在組織內外尋找盟友。與其慢慢流血身亡，不如放手一搏。

爭取資源

爭取資源時，請牢記以下有效協商原則：

- **找出潛在利益**。盡量深入調查，設法了解上司與其他掌控資源管道的人有什麼計畫。這件事對他們有什麼好處？
- **尋求互惠**。尋找既能協助上司達到目標，又能推動自己計畫的資源。或是協助同事推動工作，互相幫忙。
- **將資源連結到成果**。強調若能投注更多資源，對績效有哪些助益。設計一份之前提過的選單，列出在既有資源條件下，你能做或不能做到什麼，以及不同程度的投資能夠帶來什麼成果。

規畫關於作風的對話

一個人偏好的行事風格會影響個人學習、溝通、影響他人和做決定的方式。關於作風的對話，目的是確保自己與上司能以最理想的方式持續合作。這也是陳麥克與凱斯建立關係時面臨的最大挑戰。即便老闆不會成為你的密友或導師，你也必須了解如何與對方建立有成效的工作關係。

分析上司的作風

第一步是分析新上司的做事風格，找出和你的相同與相異之處。假使你留言給上司，說明緊急問題，對方沒有即時回應，反而責怪你沒有早點讓他知道，請記住：上司不使用這種溝通方式！

上司喜歡以什麼方式溝通？頻率如何？他希望參與哪些類型的決策？你何時可以自己做決定？上司是否很早進辦公室、很晚離開？他期望別人也這麼做嗎？

找出你與上司作風的差異，並評估這意味著你們該如何互動。假設對於了解事情，你偏好與知識淵博的人交談，老闆則較為依賴閱讀和分析數據，這種風格上的差異可能導致哪些誤解或問題，又如何避免？或者新上司傾向細微末節的事都管，但是你希望有充分自主權，可以用什麼方法化解這種緊張關係？

與曾和老闆共事的人交談或許有幫助。當然，你必須謹慎運用這個方法，不要被誤會，以為你想慫恿對方批評老闆的領導作風。只談顧慮較少的事，像是上司偏好如何溝通。聽取他人觀點，不過主要還是要依據自己的經驗擬訂策略。

另外也要觀察上司與其他人的互動。有沒有差別待遇？如果有的話，為什麼？上司有沒有特別喜歡哪些人？某些事他是不是管得特別細？他是否對表現不佳的人較為嚴厲？

觀察做決定的範圍

在參與決策方面，你的上司會有一個「舒適區」。把這個區塊當成你做決定的範圍。哪些事情他希望你自己決定，但是要讓他知道？例如你能否自行決定重要人事？上司希望你做什麼決定前要先徵詢他的意見？是涉及政策問題時，例如批准員工休假？還是你推動的計畫可能觸及敏感的辦公室政治？上司什麼時候希望自己做決定？

一開始，最好預期自己受限於較小的範圍。隨著新上司對你的信心漸增，範圍就逐漸擴大。如果沒有擴大，或者仍然太小，導致你無法好好施展，也許要坦白提出問題。

適應上司的作風

如果假設和新上司建立良好互動百分之百是你的責任，你就必須適應對方的作風。如果上司討厭語音郵件，那就別用；倘若他希望了解具體的細節，那就要充分溝通。在不影響表現的情況下，你要設法讓你們的日常工作關係順暢。其他與上司共事過的人可以告訴你什麼方法比較管用，你再配合個人情況，謹慎實驗看似最好的方法。如果有疑慮，也可以直接問上司他希望你怎麼做。

直接處理棘手問題

作風上如果有嚴重差異，最好直接解決。否則上司可能解讀為不尊重，甚至認為你無法勝任。

在作風差異變成煩惱的源頭前，直接把問題搬上檯面，與上司討論如何兼顧兩人作風。這樣的對話可以讓追求目標的路途變得較為平順。陳麥克就是這樣做，不過他也很明智，等到建立出一定聲譽後再處理這個問題。

一開始先把談話的重點放在目標與結果上，而不是達成目標的方式。比如你可以說，你們對於一些問題或決定，很可能採用不同做法，但是你會全力以赴，實現彼此都認同的結果。這樣一來，上司就有心理準備，預期你們做事的方法不太一樣。你可能得不時提醒上司，請對方關注成果，而不是取得成果的方式。

你也可以與上司信任的人選擇性地討論作風問題。在直接找上司之前，這些人可以指點潛在的問題或對策。如果找到合適的顧問，他甚至能不著痕跡地協助你提出棘手問題。

不要嘗試一口氣解決所有和作風有關的問題。但是要及早針對此事展開討論。隨著彼此的關係逐漸改變，你必須持續關注並適應上司的作風。

規畫關於個人發展的對話

最後，當你與上司的關係較為穩固後（根據經驗法則大約是九十天後），請開始討論你的表現。這無須是正式的績效評估，但是要坦誠討論。你什麼事做得不錯？哪些方面需要改善？你必須培養哪些技能，才能把事情做得更好？你在領導方面有沒有需要改善的地方？在不影響重要工作的情況下，是否有你能參與的專案或任務，讓你磨鍊技能？

在事業的重大轉折階段，這麼做尤其重要。如果你是第一次擔任主管，請趁早養成習慣，向上司尋求建議，**請對方協助你培養管理技能**。願意針對個人優缺點尋求意見，並根據建議採取行動，也展現出難能可貴的特質。

無論你是初級主管、部門主管、總經理，還是執行長，同樣的原則都適用。每一次遇到事業的轉折點、需要具備不同技能和態度才能把事情做好時，都應該自我要求，抱持開放的態度向前輩學習。

不要只專注於「硬技能」。你的位階越高，文化和政治方面的判斷、協商、建立盟友和衝突管理這類「軟技能」就越重要。正式的訓練課程或許有幫助，但是能夠培養個人能力的任務，包括專案小組，或是到組織新成立的部門、不同單位、不同地點做事，也是磨練這些重要管理技能不可或缺的管道。

與多位上司共事

如果你的上司不只一人（包括直屬上司或非直屬、但是需向其呈報的上司），管理期望就更不容易。基本原理還是相同，不過重點就不一樣了。如果你有多位上司，就必須小心平衡他們感受到的得失。假使其中一位上司權力遠大於其他人，在初期側重他的感受就很合理，只要以後盡量平衡就好。如果無法一一與每一位上司取得共識，那就要邀請所有人一起討論，否則你很可能分身乏術。請為每一位上司填寫一份表4-1「五種對話」，並仔細檢視他們對情境、期望和資源的看法有哪些異同。另外也要注意作風上的差異，然後隨之調整。

遠距工作

倘若與上司相隔兩地，那又會帶來不同挑戰。遠距工作的情況下，你們很可能步調不一，而且完全沒意識到出了問題。因此，**你更得擔負起溝通、安排通話和開會的責任**，**確保你們步調一致**。此外，建立明確、全面的衡量標準也更重要，才能讓上司適度了解情況，你也能例外管理，只需注意偏離標準的例外事件。

如果可能的話，**應該在剛上任時至少與上司當面開一次會**。及早碰面、建立信心和信任的基礎非常重要（如果你領導虛擬團隊，這點也同樣適用）。假使為了爭取資源，必須飛過大半個地球，你也該這麼做。

另外，也要**思考如何讓上司排出時間和你談話**，對方可能非常忙碌，身邊可能還有許多和你相較之下距離更近的人向他提出種種要求，所以要找出上司行程可能的空檔，例如通勤的時間。

整合：與上司協調你的九十天計畫

無論你即將進入哪一種情境，設計一份九十天計畫並取得上司支持，都對你很有幫助。通常接手新工作幾星期、真正接觸並了解組織大致狀況後，就可以設計出一套計畫。

即使你的九十天計畫只包含幾項要點，還是要做成書面報告。**你必須列出優先執行的工作、目標與時間表**，重點是要和上司分享、尋求支持。那應該成為你們之間的「契約」，載明你如何運用時間，並寫下你打算做些什麼、不做什麼。

草擬計畫時，先將九十天分成以三十天為單位的三個階段。每個階段結束後，都要和上司開會檢討（當然，你們可能互動得更頻繁）。一般說來，前三十天應該著重於學習與建立個人信用。可以像陳麥克那樣和上司溝通，運用這個階段好好學習，並要求對方遵守協議。這樣就能著手制定個人的學習目標和計畫表。你要為自己設定每週的目標，並建立評估和規畫的準則。

前三十天結束時，你的主要成果是能夠判斷情勢、了解優先執行事項，並計畫接下來三十天要如何運用。接下來的三十天計畫必須包含你打算在什麼領域、如何取得成效。你與上司的檢討會議重心應該放在關於情境與期望的對話，也就是取得對當前情境的共識、釐清期望，並設法讓上司支持你接下來三十天的計畫。持續要求自己每週都要評估和規畫。

六十天屆滿時，檢討會議的重點應該擺在評估前三十天計畫的進展，另外也要討論接下來三十天（也就是九十天結束時），你打算實現哪些成果。此時的目標，根據當下情境與你在組織中的層級，可能包含確認推行重大方案需要什麼資源、進一步評估策略與架構，以及提出對團隊的初步評估。

規畫你和團隊的五種對話

最後，你除了有新主管，也很可能有新部屬，也就是成為別人的新上司。如同你必須和新上司建立良好的工作關係，部屬也要和你有效共事。你有沒有協助部屬適應的經驗？這一次你可能採取什麼不同做法？

思考一下如何運用本章的建議協助你的部屬。轉職過渡期的黃金法則，就是你希望如何調適，就要如何協助別人適應（請參見後面的「轉職過渡期黃金法則」）。你可以運用相同的五種對話與部屬建立有成效的工作關係。所以請立即向他們介紹這個架構，並安排與每一個人見面、討論當下的情境與你對他們的期望。請他們在會談前事先準備，例如閱讀第三章〈根據情境，調整策略〉。看看你能協助他們多快適應。

轉職過渡期黃金法則

請想想，你希望上司如何協助你適應新職務。在最理想的情況下，他們會提供什麼樣的指導與支援？現在想想你與新部屬的互動，你可以提供他們什麼樣的指導和支援？

現在請比較評估結果。你有沒有將心比心，以你希望的方式協助別人調適？假使你發現自己希望別人對待你的方式和你對待部屬的方式有明顯差異，那麼一部分問題就出在你身上。

協助部屬加速適應，除了因為培養人才是好主管應盡的責任，也因為部屬越快跟上腳步，就能越快幫助你達成目標。

使用表4-3「與團隊成員的五種對話」來追蹤你與每一位部屬對話的進展

表 4-3　與團隊成員的五種對話

把團隊成員的名字列在第一欄，然後評估你與每一位成員談話的進展，圈出你希望優先處理的項目。

團隊成員	情境	期望	資源	作風	個人發展

檢查清單：談出有利的條件

1. 你過去和新上司的關係建立得如何？哪方面你做得不錯？哪些方面需要改進？
2. 規畫討論情境的對話。根據你目前取得的資訊，你會在和上司在對話中提出哪些問題？你想事先聲明什麼？你希望按照什麼順序提出問題？
3. 規畫討論期望的對話。如何了解新上司期望你做些什麼？
4. 規畫討論作風的對話。如何找出和新上司共事的最佳方法？對方偏好哪一種溝通方式？你們的互動應該多頻繁？你應該提供多少細節？做什麼類型的決定前，你必須事先徵詢對方意見？
5. 規畫討論資源的對話。推動必要任務時，哪些資源不可或缺？如果資源不足，哪些可以放棄？如果能夠取得更多資源，會帶來什麼效益？請準備好一套說明計畫。
6. 規畫討論個人發展的對話。你有什麼優勢？哪些方面有待改善？什麼樣的任務或專案也許能幫助你培養所需技能？
7. 如何運用五種對話的架構協助團隊加速成長？你與每一位部屬對話進展如何？

第 5 章

及早創下佳績

艾蓮娜・李（Elena Lee）最近獲得拔擢，擔任一間大型零售商的客服主管，任務是改善下滑的客戶滿意度。此外，她也決心改變前任主管獨裁式的管理文化。她在升職前領導組織內表現優異的電話客服中心，因而熟知其他單位在服務品質方面出了哪些問題。她深信，只要提升員工參與度，表現就能大幅提升，也因此，她將改變文化視為首要之務。

她首先和全球各地電話客服中心的主管溝通她的目標，這些人原本都是她的同事，現在成了部屬。透過一系列集體視訊會議和一對一會談，她說明自己打算如何改善品質，以及如何提升參與度、打造共同解決問題的文化。團隊對這些提議沒有太大反應。

接著，她和每一名電話客服中心的主管召開每週例會，檢視不同單位的表現，同時討論如何改進。她強調：「我們現在不用懲罰那一套了。」希望主管從旁指導員工。她表示，這段期間內，凡是涉及重大紀律的案子，都必須直接向她請示。

慢慢地，她了解哪些主管改採新做法、哪些人依舊沿用懲罰的管理模式。她進行正式績效評估，將兩名最頑抗的主管納入績效改進計畫。其中一名隨即離職，她從自己過去帶領的客服中心，選了一名極具潛力的領班取而代之。另一名主管雖然花了一些時間，不過表現還算差強人意。

同時，她把重心放在業務的關鍵層面：評估顧客滿意度、提升服務品質。她指派旗下表現最優異的經理，帶領一群頗具潛力的一線主管，擬定了一套計畫，引入新的績效評估標準與改善流程。她也請來外部顧問，指導他們如何進行這項任務。她會定期審核進度，只要該團隊提出建議，她就立刻在先前主管離職的單位測試。

接任新職第一年年底，她已經將這套做法擴及整個組織。不但客戶服務的品質顯著提升，調查結果也顯示員工士氣和滿意度都有驚人改善。

李在上任初期就做出成績，不但創造前進的動力，也建立起個人聲譽[27]。接任新職幾個月後，你希望上司、同事和部屬都能感受到新氣象，覺得好事降臨。初期成效不但能激勵同事，也有助於建立個人聲譽。如果執行得當，還能替組織創造價值，讓新領導人更快達到損益平衡點。

掀起浪潮

一項調查轉職過渡期高階主管的重要研究發現，他們會以波段的形式規畫並推動變革，如圖5-1「改變的浪潮」所示[28]。經過一開始的密集學習，這些領導人會推動一波初期改變；接著步調放緩，目的是鞏固基礎、進一步了解組織，同時讓同事喘一口氣。取得更多資訊

---

[27] 丹．西恩帕與麥克．瓦金斯合著的《一開始就做對》第二章討論過初期成效的重要，波士頓：哈佛商學院出版社，一九九九年出版。

[28] 請見約翰．賈巴洛的《管理動態學》，波士頓：哈佛商學院出版社，一九八七年出版。

圖 5-1　改變的浪潮

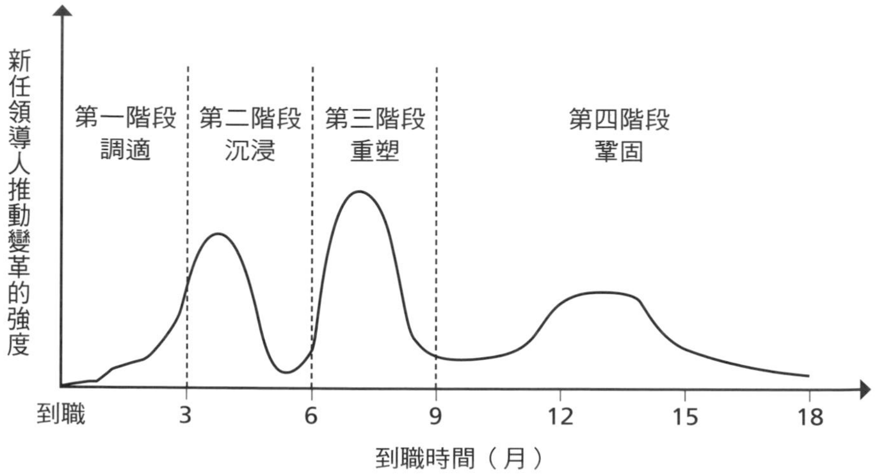

後，這些高層主管會推動另一波更深入的改變；最後才是比較緩和的改變，著重於細微調整、求取最大成效。到了此時，大多數領導人已經準備接任下一個職位。

這項研究告訴我們如何駕馭轉職過渡期。也就是制定計畫、確保初期成效時，心中要有明確的目標。轉職過渡期只有幾個月，不過你通常會在一個職位待上兩到四年，才會轉換到下一個。因此一開始的成效必須盡可能連結到長期目標。

規畫你的浪潮

你在規畫轉職過渡期與之後階段，要思考如何掀起一波波變革。每一波改變都應該包含幾個特定階段：學習、建立支援、施行改變、觀察結果。以這種方式思考，你就會安排學習和準備的時間，接著就能鞏固基礎，並為下一波浪潮做準備。如果只是不停推動改變，就很難釐清什麼有用、什麼不管用。此外，無止境的改變絕對會讓員工精疲力竭。

第一波改變的目的是及早創下佳績。新上任的領導人必須制定一套方案，才能建立個人聲譽與重要人脈，並找出和摘下最低的水果，也就是最可能在短期內改善組織績效的機會。假使執行得當，這個策略將有助於建立動力，同時加深對組織的了解。

第二波改變通常針對策略、架構、制度、技能等較為根本的問題，目的是重塑組織、取得更大成效。如果沒有在第一波改變中創下佳績，就很難到達這個境界。

從目標開始

許多剛上任的領導人求好心切、操之過急，往往著重於最容易快速解決的問題，這種心態雖然可以理解，在某種程度上或許也行得通，不過要小心，別掉入「最低水果」的陷阱。假使領導人把大部分精力投注在對實現長遠目標毫無助益的初期成效，就會陷入這樣的陷阱。這就好比將火箭發射到軌道，但是火箭只配有龐大的第一級發動機，一開始的動力消失後，你更可能掉回地球。所以，決定在哪些地方取得成效時，你也許要放棄一部分最容易摘取的水果，設法摘收較高的果實。

請記得，若想創造前進的動力，初期成效必須發揮雙重功能，除了幫助你在短期內建立聲勢，也要為長遠目標奠定基礎。所以規畫初期成效時，要盡可能確保那些任務符合眾人共同認定的目標，也就是上司和主要利害關係人都希望你實現的成果，另外也要同時引入達成目標的行為模式。

著重於公司的經營目標

你要取得的最終成果，是你與上司和其他主要利害關係有共識的具體經營目標，例如年度獲利兩位數成長、大幅減少不良率和重工率，或是在各方同意的期限內完成重要專案。例如李最重要的任務是大幅提升客戶滿意度。重點是你必須有定義明確的目標，領導時才有清楚的方向。

找出有問題的行為模式，然後協助改變

有共識的目標是目的地，不過能否到達那裡，取決於員工的行為；換句話說，若想在期限內達成目標，就必須改變有問題的行為模式。

首先是找出有問題的行為，例如李希望減少組織的恐懼與無力感；其次是勾勒明確的願景，也就是任期結束前，你希望同事如何表現，並規畫追求初期成效的過程中如何推動改變，就像李那樣。什麼樣的行為可能導致成效不彰？表5-1列出一部分有問題的行為模式，可以做為參考，藉此歸納你希望著手改變的行為。

表 5-1　有問題的行為模式

缺乏	症狀
重心	• 團隊無法界定優先任務，或者有太多事情必須優先處理。 • 資源過度分散，因此時常出現危機，必須不斷救火。員工因為滅火的能力獲得獎勵，而非制定長遠的對策。
紀律	• 員工的表現起伏不定。 • 員工不了解表現不一的負面影響。 • 倘若無法履行承諾，員工會設法找藉口。
創新	• 團隊用內部標竿評比來衡量表現。 • 產品和流程只是逐步改善，而且速度過慢。 • 員工因為績效穩定獲得獎勵，而非挑戰極限。
團隊合作	• 團隊成員相互競爭、保護地盤，而非為了共同目標努力。 • 建立勢力範圍的員工受到獎勵。
急迫感	• 團隊成員忽視內外客戶的需求。 • 員工多半過度自滿，認為：「我們一直都是最棒的。」以及「沒有馬上回應也無所謂，反正又沒差。」

基本原則

及早創下佳績不可或缺，方法也非常重要。當然，最重要的是避免失敗，因為一旦勢頭不對，你就很難翻身。以下是可做為參考的基本原則：

- **把重心放在少數有希望的機會上面**。很多人在轉職過渡期一口氣做太多事，反而兵敗如山倒。在這段期間，你不可能同時取得諸多成效。因此你要找出最有希望的機會，然後把所有心力集中在上面。這就是風險管理，針對多個任務投注心力，以提升成功的機率，但是又不能太多，避免分身乏術。
- **針對上司在意的事做出成績**。讓部屬和其他同事看到成果、提振士氣固然重要，不過你必須讓頂頭上司肯定你的表現。即使你不完全認同上司心目中的要務，在決定初期目標時，也要優先納入考量。解決上司在意的問題，對於建立聲譽與鞏固資源都很有幫助。
- **手段要正當**。如果在他人眼中，你是靠著擺布別人，或是以卑鄙、不符合公司文化的手段做事，那就算成果輝煌，也不會有什麼好下場。如果李是以懲處的方法取得成果，反而會危害她希望達成的長遠目標。透過你希望引入組織的行為模式取得成效，就能達到雙贏的效果。

• **考量當前的STARS情境組合**。STARS情境不同，初期成效的定義也大不相同。光是讓同事開始談論組織面臨的挑戰，對於調整重組的情況就是極大成就，但是在徹底改造就是浪費時間。所以請仔細思考組合中每一部分創造動力的最佳方式。是表達出願意聆聽、學習的意願？還是果斷做決定？

• **配合組織文化**。有些組織對於成效的定義是顯著的個人成就，另一些組織卻認為追求個人榮耀是譁眾取寵、破壞團隊精神的行為。如果是重視合作的組織，初期成效可能是領導團隊開發新產品，或是對於匯聚眾人之力的大型任務貢獻良多、展現合作精神。所以務必了解什麼才算成就、什麼不是，尤其是加入了新組織。

找出上任初期在哪些領域做出成績

目標明確並找出必須改變的行為後，就能以此為根據，決定在哪些領域做出成績。你應該分兩階段思考：首先是大約前三十天必須建立個人聲譽，接著決定之後推動哪些能在短期內提升表現的計畫（具體時間當然要視實際情況而定）。

了解你的名聲

人們會馬上開始評估新主管和主管的能力。一部分是根據他們自認對你的了解，因為和你共事過的人會把你的名聲傳出去，然後一傳十、十傳百。所以無論你喜不喜歡、屬不屬實，剛接任新職時，都會有一個名聲伴隨著你。當然，風險在於這樣的名聲可能弄假成真，因為人都會關注可以證實自己觀點的資訊，排除不符合的訊息，也就是所謂的「確認偏誤」（Confirmation Bias）[29]。意思是你必須了解別人期望你扮演什麼角色，再來決定你要強化那些想法，還是將之殲滅。

例如李的情況就是比較特殊的案例，她領導昔日的同事，組織的人原本就認識她，不過是認識階級較低的她，所以李必須設法改變別人對她的看法。以下是領導前同事的挑戰。

領導前同事

從同事變成上司，必然會面對一些挑戰，你必須運用以下原則來化解：

- **接受關係必然改變的事實**：升職必須付出的代價，就是與同事的關係不可能那麼緊密。有效領導與密切的個人關係很難兼顧。
- **盡早舉行交接儀式**：上任前幾天的工作主要是象徵意義，而非實質的內容。所以要把重點放在有助於確立地位的交接儀式，例如請新上司把你介紹給團隊、移交任務。

- **重新取得昔日同事的支持**：每一個獲得升職的主管背後，都有極力爭取、卻沒能如願得到職位的人。所以要明白這些失望的競爭者會經歷調整心態的階段。把重心放在找出誰可以替你做事、誰做不到。
- **巧妙地建立權威**：你必須在過度堅決和猶豫不決之間謹慎拿捏。遇到重大決策，你可以先徵詢眾人意見，然後自行決定，直到前同事習慣你發號施令，不過先決條件是你必須了解情況再做決定。
- **把目標放在對業務有利的事**：從宣布任命那一刻起，有些前同事就會睜大眼睛，看看你有沒有厚此薄彼，或是為了政治目的犧牲他們的利益。解決辦法是堅持把目標放在對公司業務有利的事上。

建立威信

接任新職的前幾週，你不太可能顯著提升業績，卻可以藉由小小的勝利，讓同事接收到

㉙ 維基百科，wikipedia.org/wiki/Confirmation_bias。

情勢開始轉變的訊號。這種初期的勝利可以建立個人威信。

你有沒有威信，取決於他人如何回答下列關於你的問題：

- 你夠不夠穩健，是否具備足夠的見識，能夠做出困難的決策？
- 你是否擁有他們認同、佩服，並希望效法的價值觀？
- 你是否散發適當的幹勁？
- 你是否對自己和他人都要求高水準的表現？

無論是好是壞，他們都會根據少量訊息形成對你的看法。**一開始的行動無論好壞，都會影響這些認知。一旦對於你的想法開始定型，就很難反轉，而且形成觀點的速度快得驚人。**

所以如何建立威信？其中一部分是靠行銷，就像建立品牌商譽，你希望同事把你與正面的特質、態度和價值觀連結在一起。如何做到這點沒有單一的答案，不過一般來說，新上任的領導人若能展現下述特質，會讓人感覺比較可靠。

- **要求高，但是能夠感到滿意**：優秀的領導人要求員工做出合理的承諾，然後要他們為實現承諾負責。但是如果你永遠無法感到滿意，就會打擊員工的士氣。你要拿捏何時該慶祝勝利、何時要求更多。

- **平易近人但不會過度熟稔**：平易近人不代表員工無論何時或什麼情況都可以找你，而是代表親切之餘，仍然保有權威。
- **果斷但深謀遠慮**：新上任的領導人為了展現掌控全局的能力，可以針對影響不大的事快速做決定，不過有些事情就不該驟下決定。接任新職初期，你希望展現決斷力，但是對於不夠了解的事千萬別太快做結論。
- **專注但保持彈性**：避免不知變通、不願考量各種解決方案，造成惡性循環、失去支持。優秀的領導人會在上任後藉由專注思考問題來樹立權威，但是也會徵詢各方意見、鼓勵他人提供建議。他們知道何時該保持彈性，讓部屬決定自己的做事方法。
- **積極但不製造混亂**：製造動力和把團隊弄得不知所措其實只有一線之隔。推動任務，但是不要把員工逼到筋疲力盡的地步。學會辨識壓力程度，為自己和他人找出合適的節奏。
- **能夠壯士斷腕，但又保有人性**：你也許得當機立斷，做出困難的決定，像是解雇表現不佳的員工。優秀的領導人該做的事一定會做，但是講求公平公正，也會維護對方尊嚴。請記得，員工不僅留意你做了什麼，也會觀察你怎麼做。

規畫互動

一開始的行動將會不成比例地影響他人對你的觀感，所以你必須思考剛上任那幾天要如

何與人互動。你想傳達什麼訊息？希望大家如何看待你這個人與你這個主管？什麼是傳達訊息的最好方法？

首先是**辨識主要對象**，包括直屬部屬、其他員工、重要的外部相關人士等等，然後針對每一群人制定幾個訊息。這些訊息不需包含工作上的計畫，因為此時還言之過早，重點要放在你是誰、你的價值觀和目標、你的作風，以及你的做事方法。

另外也要**思考互動的模式**。你如何自我介紹？首次與部屬會面要一對一，還是召開集體會議？會議的主要目標是讓彼此認識，還是馬上把重心放在業務問題和評估？你還會運用哪些管道向更多人介紹自己，例如電子郵件和影片？你會不會在公司的其他設備召開會議？

和越來越多人接觸後，要**設法找出惱人的小事**，**然後盡快處理**。例如修復緊張的外部關係、取消不必要的會議或縮短過長的會議，或是改善工作空間。這些都有助於在上任初期建立聲譽。

最後，請記住，**有效的學習**也有助於建立個人聲譽。讓別人看到你真的願意投注心力了解新組織，一定有利無弊，同事也不會認為你帶著既定想法或所謂的正確答案前來。一開始就花心思學習，代表你了解新組織有其獨特的歷史和環境。當然，你必須展現快速學習的能力，而不是如同形容某位總統的，「學習曲線像堪薩斯州一樣平」[30]。此外，也要知道何時該把重心從學習轉移到做決定和實際的作為。

寫下自己的故事

上任前幾週的行動，通常會引發不成比例的影響，除了實質內容外，也具有象徵意義。一開始的行動通常會轉化為各種故事，不是把你定位成英雄就是狗熊。例如你有沒有花時間向打掃、保全一類的庶務人員非正式地自我介紹，還是你只關注上司、同事與直屬部屬？你的形象是平易近人還是難以親近，往往取決於這類簡單的舉動。你如何向組織上下自我介紹、如何對待庶務人員、如何處理煩人的小事，這些小片段都會變成輾轉相傳的故事核心。

若想把故事朝正面的方向引導，請務必尋找並運用教育同事的契機。也就是像李處理冥頑不靈的主管那樣，你必須清楚表明目的，同時示範你希望鼓勵的行為。你不需要特別聲明或當面對質，可以向團隊拋出一針見血的問題，讓他們去思考團隊出了什麼問題。

推動取得初期成效的計畫

建立個人信譽、培養重要人脈，都有立竿見影的效果。不過還是盡快找出能在短期內改

㉚ 喬治．威爾（George Will），〈科技促動的戰爭，有時得付出安全上的代價〉（Price of Safety Sometimes Paid in Technology-Boosted War），《華盛頓郵報》（*Washington Post*），一九九四年六月十二日。

善實質表現的機會。最好的選項是不用花太多功夫就能迅速解決，又能顯著提升營運或財務效益的問題，例如移除限制產能的瓶頸，或是取消可能導致衝突、影響績效的獎勵計畫。

找出短時間內可以改善的主要問題，最多不超過三、四個。運用表5-2的「初期成效評估工具」，找出適合推動的計畫。不過要記住，如果一次做太多事，很可能導致注意力分散。另外也要考量風險管理，建立一套涵蓋不同項目的組合，這樣其中一個成功的話，就能平衡其他不如預期的方案。接著就是投注所有心力取得成效。

替初期成效做準備時，你的學習計畫必須包含如何找出可能的改善機會。然後依循下列準則，將目標轉化為具體方案。

- **融入長期目標**：你的行動必須盡可能配合眾人認同的業務目標，同時鼓勵改變行為。
- **找出少數幾個有潛力的重點**：也就是能顯著提升組織整體營運，或財務績效的領域或流程（例如李的情況是客戶服務流程）。專注於少數重點，能夠減少取得實際成效所需的時間和精力。此外，若能在一開始順利改善這些環節，你就可以獲得更多自由和空間，進一步推動變革。
- **推動專案**：把執行重點工作的計畫當成專案來管理。就像李接任新職後，指派團隊改善客戶服務的做法。
- **提拔代理人**：找出團隊各層級中有想法、幹勁，也有動力協助你達成目標的人。提拔

表 5-2 初期成效評估工具

這個工具協助你評估可能取得初期成效的選項。一個選項用一張表格分析，仔細回答問題，然後把得分加總起來，就能做為指標。

初期成效選項：＿＿＿＿＿＿＿＿＿＿＿＿

針對下列問題，選出最符合的描述。

	完全不可能	些微可能	或多或少有可能	很有可能	極度有可能
此選項是否可以顯著提升部門績效？	0	1	2	3	4
能否在短時間內運用現有資源達成？	0	1	2	3	4
若能取得成效，能否為實現共同目標奠定基礎？	0	1	2	3	4
取得成效的過程是否有助於改善組織內行為模式？	0	1	2	3	4

現在把圈出的數字加總起來，填在此處：＿＿＿＿＿＿＿＿＿＿＿＿

結果會在0到16分之間，可以用這些數字大致比較出可能的選項。請運用常識解讀這些數字，如果某個選項第一個問題的得分是0分，那麼即使其他所有問題都得4分也沒意義。

他們，或是像李一樣指派他們負責關鍵任務。

- **藉機引入新的行為模式**：推動初期成效的計畫應該發揮示範作用，展現你希望組織、部門或團隊將來該怎麼做。李就是因此請來外部顧問協助團隊執行計畫，讓他們了解最好的行為模式。

使用表5-3霧燈檢核表來規畫最有影響力的方案。

引領變革

思考在哪些領域做出成績的同時，也要想想如何在組織推動變革。請記住，推動改變沒有單一的做法，完全要視情況而定。例如需要徹底改造的組織，員工已經感受到事態嚴重，此時行得通的方法，到了調整重組、大多數人還不願面對現實的情況可能就行不通。所以要保持開放的態度，知道自己在不同STARS情境下必須採用不同方法引導改變。

規畫或學習

一旦找出必須處理的重大問題或事項，下一步就是決定要開始規畫改變，還是展開集體學習[31]。

表 5-3　霧燈（FOGLAMP）檢核表

霧燈（FOGLAMP）是重點（Focus）、監督（Oversight）、目標（Goals）、領導（Leadership）、能力（Abilities）、方法（Means）和流程（Process）的英文首字母縮寫。此工具能幫助你穿越迷霧、規畫重點工作。你要替每一項計畫填寫一份表格。

計畫：＿＿＿＿＿＿＿＿＿＿＿＿＿＿＿＿＿＿＿＿

問題	回答
重點： 這個計畫的重點為何？例如你希望達成什麼目標或初期成效。	
監督： 你如何監督這項計畫？哪些人應該參與監督，協助你取得對執行成果的支持？	
目標： 你有哪些目標？過程中有哪些里程碑？時間表為何？	
領導： 由誰來領導這項計畫？他們是否需要經過培訓，才能領導得當？	
能力： 需要涵蓋什麼樣的技能和哪些代表？哪些人因為具備必要技能，必須參與其中？哪些人是代表主要相關團隊而加入？	
方法： 團隊還需要哪些額外的資源才能達成目標，例如引導技巧（facilitation）？	
流程： 有沒有你希望團隊運用的新流程或架構？假使有的話，他們如何熟悉這些做法？	

如果確知自己擁有下述重要的支持條件，就可以直接著手規畫，然後推動改變：

- **體認**：大多數人意識到必須改變。
- **判斷**：你知道什麼需要改變以及為什麼。
- **願景**：你有令人信服的願景與扎實的策略。
- **規畫**：你有制定具體計畫的專業知識。
- **支援**：你有強大的盟友，在背後支持你的計畫。

直接規畫、推動改變的方法在徹底改造的情況下通常很管用，也就是人們多半意識到問題存在、解決方案偏向技術性質，而非是公司文化或人事運作，以及眾人急切想看到解決方案的情況。

然而，假使以上五個條件中有任何一項不符合，直接規畫、推動改變的做法可能引發問題。例如在調整重組的情況，人們拒絕接受改變的必要，就可能對你的計畫無動於衷甚至公然違抗。因此，你也許要讓人們體認到改變的必要，或是強調問題有多嚴重、打造有說服力的願景與策略、制定扎實的跨部門計畫，或建立支持的盟友。

為了達成以上任何一個目標，你必須把重點放在設計集體學習的流程，而不是制定計畫、強行推動改變。例如，如果組織裡有很多人刻意對問題視而不見，你就要設計一套流程，設法讓人們正視問題。你要採取打游擊戰的模式，慢慢削弱抵抗、體認改變的必要，而不是對組織的防禦系統發起正面攻擊。

你可以讓主要員工接觸新的營運或思考模式，例如關於顧客滿意度或競價的新數據，或是把頂尖同業當做標竿，讓團隊分析競爭對手的表現。另外也可以要求員工設想新的做事方法，例如安排同事在公司外面開會，針對關鍵目標或如何改善既有流程集思廣益。

此處的重點在於釐清改變過程中哪些部分最適合透過規畫來解決，哪些部分要經由集體學習來應對。想一想你希望在組織內推動的變革，然後使用圖5-2的「管理變革診斷流程圖」，找出什麼時候應該直接規畫、什麼時候鼓勵學習。

改變行為

規畫如何取得初期成效時，別忘了方法和結果一樣重要。取得成效所推行的做法，必須能同時建立新的行為標準、發揮雙重功效。李就做到了這點，她仔細挑選部屬、培訓專案小組，並迅速落實他們的建議。

要改變組織，你可能得改變組織的文化，這項任務相當艱鉅。你希望破除組織的積習，

㉛我的同事艾美・埃德蒙森（Amy Edmondson）構思出這套實用的區別法則。

圖 5-2　管理變革診斷流程圖

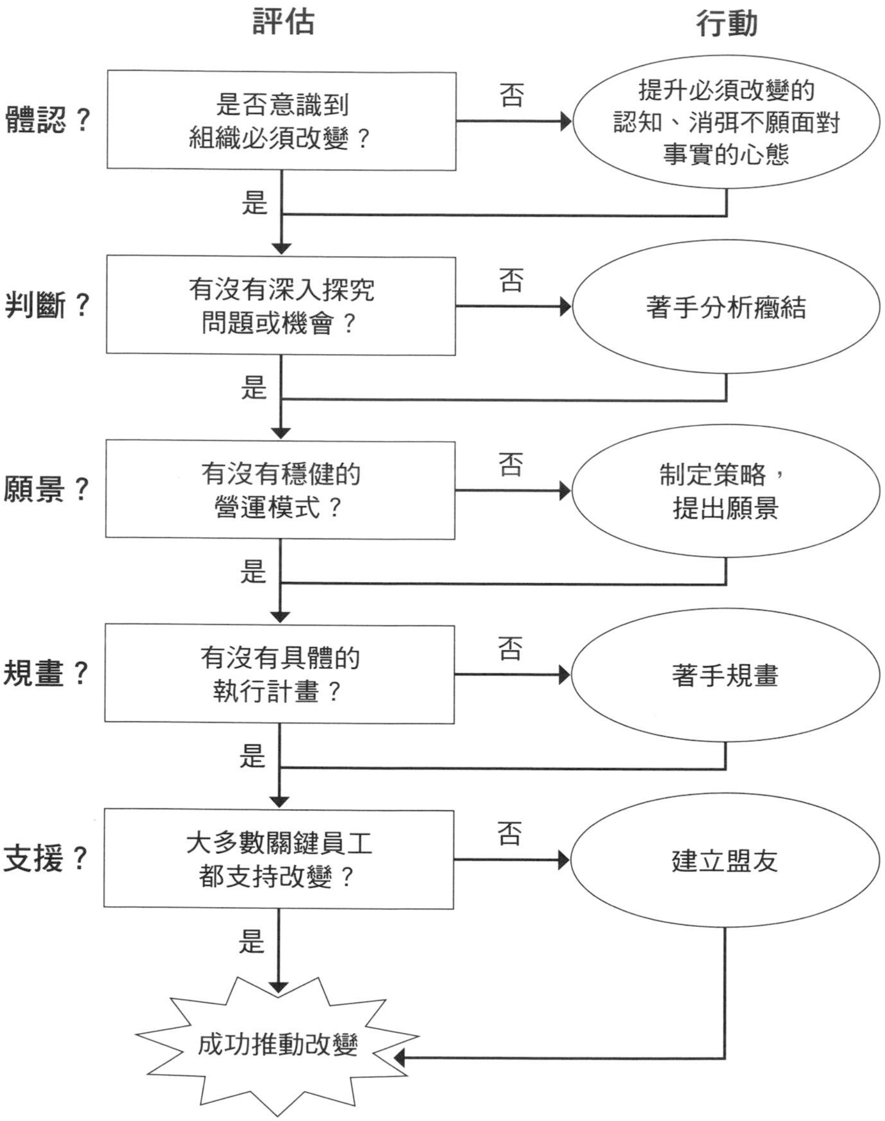

但是我們都知道改變一個人的習慣有多困難，更不用說改變一群相互影響的人。

你不能一舉摧毀既有文化、從頭打造，因為無論是人或組織，一次能吸收的改變必然有限。而且任何組織的文化都一定有好有壞，除了成為員工做事的依據，也可能是榮耀的來源。如果讓同事感受到既有文化一無是處，可能導致他們在變革時頓失所依，你也可能失去原本只要好好運用，就可以改善績效的能量來源。

關鍵在於辨識既有文化的利與弊，在揚棄弊端的同時，也要提升並讚揚其優點。文化中熟悉的層面可以做為將員工從過去帶向未來的橋樑。

根據實際情況調整策略

選擇用什麼方式改變行為，應該根據團隊的架構、流程、技能，以及最重要的：當下的情境。此處再次以徹底改造和調整重組為例：徹底改造時，你不但有時間壓力，也得迅速辨別並保護核心業務。通常在這種情況下，你可以使用的技巧包括引入外部人才，或是建立專案小組，執行提升特定績效的方案。相較之下，如果是調整重組的情況，最好採用比較微妙的手法，例如藉由改變衡量績效的方式或標竿評比，逐步培養組織必須調整的共識。

避免可預料的意外

最後，如果沒有花時間找出滴答作響的定時炸彈，並防止它在你面前爆炸，一切確保初期成效的心血可能毀於一旦。炸彈如果爆炸，你的重心馬上得轉移到不斷滅火，按部就班建立信譽和創造動力的希望也可能同時付之一炬。

晴天霹靂確實可能發生，遇到這種事，你只能咬緊牙關，盡量找出最好的處理危機方法。但是更常出現的情形是新上任的領導人被「可預料的意外」打亂手腳，也就是擁有能夠辨識和解除定時炸彈的必要資訊，卻沒能將之排除[32]。

發生這種事，通常是因為新上任的領導人沒有找對地方、問對問題。如同之前提過的，我們都有心中比較偏好的問題，也有希望避免或認為自己無法處理的問題。但是你必須要求自己深入挖掘沒那麼拿手的領域，不然就要找具備必要專長、可信賴的人協助你了解。

另一個原因是組織的不同單位持有不同部分的拼圖，卻沒有人將之拼湊在一起。所有組織都有資訊不流通的問題，如果沒能建立出一套流程，確保重要資訊都能浮出水面、得到整合，你就可能遇到可預料的意外。

請使用下列清單來找出可能出現問題的領域：

- **外在環境**：輿論、政府策略或經濟狀況的趨勢，是否可能導致嚴重問題？其中的例子包括政府政策改變，對競爭對手有利，或對你們的價格或成本產生不利影響，另外是輿論的風向轉變，認為你們的產品在安全或健康上有疑慮，或是開發中國家出現經濟危機。

- **顧客、市場、對手與策略：**競爭環境的變化是否對組織形成嚴峻挑戰？例如研究顯示對手的產品優於你們的產品，或是出現競爭者，提供較低成本的替代商品，另外是價格戰。
- **內部能力：**組織的流程、技術或能力是否存在可能引發危機的潛在問題？其中的例子包括突然失去重要人才、主要工廠出現嚴重的品質問題、產品召回。
- **辦公室政治：**你是否可能不小心踩到政治地雷？例如組織裡有些人不能碰，你卻不知情，或是沒有察覺到某位重要的同事在暗中傷害你。

規畫初期成效時，要記得最重要的目標：引發良性循環，進而強化你希望看到的行為，以達成共同目標。**別忘了，你要取得微小卻重要的進展，才能推動更深層的改變**。

㉜ 請見麥克・瓦金斯與馬克斯・巴澤曼（Max Bazerman）的〈意料之內的意外〉（Predictable Surprises: The Disasters You Should Have Seen Coming），《哈佛商業評論》，二〇〇三年三月號，第五至十二頁。

檢查清單：及早創下佳績

1. 接任新職後，你要做些什麼，才能建立動力、達成共同目標？
2. 同事在行為上必須如何改變，才能實現這些目標？盡可能生動描述你鼓勵或不鼓勵的行為。
3. 你打算如何讓新同事認識你？主要的對象有哪些？你希望向他們傳遞什麼訊息？最好的互動方式為何？
4. 哪些重點任務最可能在短期內改善表現、同時啟動改變行為的程序？
5. 你必須推動哪些方案？由誰來領導？
6. 有沒有哪些可預料的意外，導致可能你亂了陣腳？

第6章

調整組織 步調一致

漢娜．潔菲（Hannah Jaffey）是備受推崇的人力資源顧問，她受客戶之邀，擔任他們的人力資源副總裁。這間公司的高層鬥爭激烈，部分主管幾乎互不交談。潔菲受命協助執行長進行必要的人事調整、重建管理團隊。

不久潔菲便發現，該公司的架構和獎勵制度就是問題的根源。一年前，這間成長迅速的公司曾進行業務單位改組，由不同部門管理不同生產線，一些部門的客戶群因此重疊，但是新的架構和制度並不鼓勵合作。結果讓客戶感到困惑、不同部門為了由誰主導重要客戶關係起衝突，組織也無法提供全面的解決方案。最後，公司的財務狀況受影響，營業收入成長停滯，執行長必須面對董事會和投資人嚴厲的質問。

潔菲堅信公司必須進一步調整架構，決定向執行長說明她的想法。但是他不太願意再次改組，認為問題出在人的身上。他告訴潔菲，組織架構設計得很好，只要找到合適的人，就能發揮該有的功效。

的確，管理團隊有幾名表現差強人意的主管，但是潔菲知道，調整架構前不宜處理人事問題。所以她反覆和上司討論，並深入診斷，讓上司注意到因為獎勵政策不協調而造成衝突的例子。此外，她也蒐集了相關資料，突顯其他公司如何藉由重組解決類似的問題。

潔菲花了不少時間，終於說服了執行長，將公司改革為混合式的組織。行銷與業務部門的重心由產品轉向顧客，營運和研發則由生產線畫分，另外成立共同服務中心，提供財務、人力資源、資訊技術與供應鏈方面的支援。調整的效果很不錯，一年之後，公司運作得更順暢、顧客滿意度提升，業績也恢復成長。除此之外，必須撤換哪些高層主管也昭然若揭。

在組織位階越高，就越可能必須扮演組織架構師的角色，也就是制定並調整組織體系的關鍵元素，包括策略方向、組織結構、核心流程和人才庫，這些都是讓組織表現卓越的根基。無論你多有個人魅力，假使組織的關鍵元素不協調，也很難做出成績，你會覺得自己彷彿每天推著巨石上山，辛苦萬分卻徒勞無功。

如果新職位的職權包含改變方向、結構、流程或技能，你就要開始分析組織架構、評估關鍵要素是否一致。最初幾個月，你也許只能深入診斷，頂多是處理比較緊迫的協調問題。但是你必須大致掌握自己要做些什麼，才能決定取得初期成效的方向，同時為後續更深入的一波變革奠定基礎。

即使你像潔菲那樣，無法獨力決定改變組織架構，也要評估組織步調是否一致。你必須檢視手上的拼圖片如何（或能否）放入更大的拼圖，思考自己需不需要說服有影響力的人，包括上司或同事，讓他們了解組織因為嚴重失調而績效不彰。此外，徹底了解組織架構也有助於建立聲譽，向高層主管證明你有擔任更高階職位的潛力。

避免常見的陷阱

若用過度簡單的方法處理複雜的組織問題，就很難善盡職責。注意以下常見陷阱：

- **為了改變而改變**：新上任的領導人急於看到成效，因此在短時間內大幅度更動策略或架構，不管是否真有必要改變。很多領導人操之過急，還未真正了解情況就貿然改革，只為了在組織裡留下印記。這就是所謂的先開槍再瞄準，也是「勢在必行」的心態在作祟。
- **沒有按照STARS情境調整做法**：推動改革沒有單一的方法，例如徹底改造往往著重於快速、劇烈的轉變，此時處理目標不一致的方法，就和通常必須採用細微、漸進式手法的加速成長與調整重組大不相同。所以不要用「一體適用」的方式推動變革，而是要配合不同STARS情境，找出最好的做法。
- **想透過組織重整解決更複雜的問題**：倘若真正的問題出在流程、技能或組織文化，你卻去改變組織結構，那就像重新安排鐵達尼號甲板上的座位一樣無濟於事。在釐清改變架構能不能解決根本問題前，千萬不要輕舉妄動，不然你很可能導致其他環節失調，不得不原路折返。不但會影響組織運作，也將傷害自己的名聲。
- **建立太複雜的架構**：這是相關的陷阱。有些組織也許適合採用矩陣式架構，就像潔菲遇到的情況。假使執行得當，這樣的架構可以培養負責的態度、有助於管理「創造張力」（Creative Tension），也就是達到目標前感受到的緊張與壓力。不過也要仔細求取平衡，才不會導致決策分散或過度僵化。盡可能釐清職責，並在不影響核心目標的情況下，盡量簡化架構。

- **高估了組織接受改變的能力**：制定目標遠大的策略或結構變化並不困難，然而一旦付諸行動，要求同事適應大規模的轉變就沒那麼容易了，尤其如果他們不久前才經歷過類似改變。假使有必要，例如徹底改造的情況，你就要快速行動；但是倘若情況許可，像是調整重組或維持成功，你就要以漸進的方式推動變革。

設計組織架構

首先，你要把自己想像成部門或團隊的建築師。這個角色你也許熟悉，不過很可能不然。很少領導人接受過這方面的訓練，因為在職業生涯初期，一般人對組織規畫的決定權往往有限，所以沒能學到太多經驗。常有員工抱怨組織的做法明顯不一致，無法理解「上頭那些笨蛋」怎麼能坐視不管。不過等那些人當上主管後，也可能成為那些笨蛋。所以我們最好早一點學習如何評估、設計組織架構。

要設計（或重新設計）組織架構，第一步是把它想成開放的系統，如圖6-1「組織架構的要素」所示，不過這是針對整個組織，你也許要著重於你負責的部分。「開放」是指組織可能影響某些要素，同時受某些要素影響，分別是（1）外部主要相關人士，例如顧客、經銷商、供應商、競爭對手、政府、非政府組織、投資人和媒體，以及（2）內部環境，包括氣氛、員工士氣和文化。領導人在規畫架構時，必須讓組織能夠因應和影響這些要素。

圖 6-1 組織架構的要素

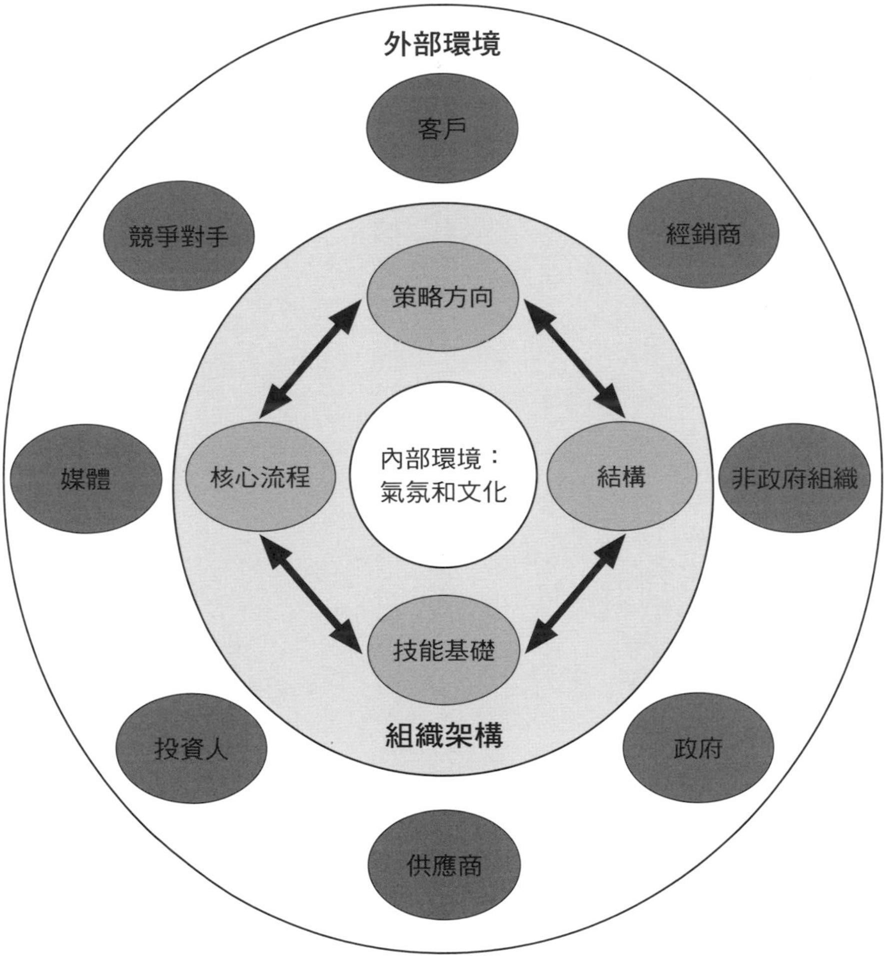
外部環境
客戶
競爭對手
經銷商
策略方向
核心流程
內部環境：
氣氛和文化
結構
媒體
非政府組織
技能基礎
組織架構
投資人
政府
供應商

「系統」的部分則強調組織架構包含相互影響的要素，也就是策略方向、結構、核心流程和技能基礎。意思是你可以改善單一元素，例如改變策略、簡化流程或聘用具備不同技能的員工，但是這麼做之前，必須先思考對其他要素可能造成的影響。具體來說，這四個要素必須目標一致[33]：

- **策略方向**：組織的使命、願景、策略。
- **結構**：各部門的工作如何分配，同事的業務如何協調、評估、獎勵。
- **核心流程**：為資訊或原料增加價值的流程。
- **技能基礎**：組織內關鍵員工的能力。

㉝這是改編自麥肯錫（McKinsey）的「7-S」組織分析架構。請見華特曼（R. H. Waterman）、彼德士（T. J. Peters）、菲利普斯（J. R. Phillips）的〈架構不等於組織〉（Structure Is Not Organization），發表於《商業視界》（*Business Horizons*），一九八〇年；概述請見傑佛瑞．布拉達奇（Jeffrey L. Bradach）的〈組織重整：7-S模式〉（Organizational Alignment: The 7-S Model），案例9-497-045，波士頓：哈佛商學院，一九九六年。7-S分別是策略（Strategy）、架構（Structure）、制度（Systems）、人員（Staffing）、技能（Skills）、作風（Style）與共同價值（Shared Values）。

我們當然要有合適的策略方向，才能朝著目標前進。但是只要任何一個要素沒有到位，再好的策略都可能失效。策略方向推動其他要素，同時受其他要素影響，如果你決定改變團隊前進的方向，可能也得更改結構、流程或技能，才能建立出協調一致的架構。

診斷不協調之處

很多環節可能出現不一致的問題。最初九十天的目標應該是找出哪裡不協調，並計畫如何修正。時常出問題的環節包括：

- **策略方向和技能基礎不一致**：假設你擔任研發部門主管，目標是讓團隊構思並測試更多新產品概念，但是你的部屬不熟悉最新技術，無法加快測試速度。在這種情況下，團隊的技能就不足以支援策略方向。
- **策略方向和核心流程不一致**：假設你領導市場行銷團隊，必須設法滿足新顧客需求。如果團隊沒有建立出一套有效的做事流程，來蒐集、分析與顧客相關的資訊，團隊的流程就無法支援這項任務。也就是策略方向和核心流程不相符。
- **結構和流程不一致**：假使你掌管產品開發團隊，旗下成員由產品線來畫分。這種架構的基本原理是著重於不同產品的專業技術，缺點則是不同單位之間缺乏有效的制度，無法分享最好的做事方法。結構與流程不一致，會導致整個團隊無法將潛能發揮到極致。

- **結構和技能不一致**：假設組織最近才從以職能畫分的結構，轉變為矩陣式架構，目的是為了平衡產品相關決策和職能決策。員工原本習慣聽命行事、向單一職能的上級呈報，現在則必須運用影響力和衝突管理技巧。架構改變了，員工卻不具備相應技能。

著手開始

處理組織不一致的問題，很像為出海遠行做準備。首先，你必須確定目的地（使命和目標）以及航線（策略）正不正確，接著是思考你需要哪一種船（架構）、哪些配備（流程），以及什麼樣的船員（技能）。整段航程中，你都要提防沒有標示在航海圖上的礁石。

重點在於協調組織必須遵循一套邏輯。如果還沒確定方向對不對就調整架構，你很可能出問題。此外，你也要掌握目的地、航線與船隻，才能評估現有的船員是否適任。可以按照下述方法來進行：

1. **先決定策略方向**：仔細檢視部門的定位是否符合組織的長遠目標和優先任務。確定使命、願景和策略都經過深思熟慮與有系統的整合。

2. **審視支援的架構、流程和技能**：檢視團隊現有的架構、流程和技能是否足以支援當前的策略方向或是你設想的方向。深入研究這些要素間的關係，如果其中一個或一個以上不符合策略，就要想辦法調整方向，不然就是培養或取得必要能力。

3. **決定如何與何時推動新策略**：了解團隊現有的能力後，如果有必要，就可以規畫改變策略的路線。調整組織定位（包括市場、顧客、供應商）或培養必要能力。接著就是按照務實的時程推動改變。

4. **仔細思考先後順序**：情況不同，協調組織的順序也不一樣。如果是徹底改造，通常要先改變策略，然後配合策略修改架構，接著才是把重點放在支援的流程與技能。如果是調整重組的情況，策略方向和架構往往並非真正的問題所在，而是要調整流程或技能，所以要著重於這兩個層面。

5. **檢視成果**：對組織架構、流程、技能的了解與日俱增，你也越了解團隊的本領和適應改變的能力，這樣一來，你就更知道該在什麼時間點推動哪些改變了。

確定策略方向

策略方向包含使命、願景和策略。使命是你們希望實現什麼目標，願景是員工為什麼有表現卓越的動力，策略則是關於為了達成使命，該如何配置資源和做決定。只要將做什麼、為什麼、怎麼做謹記在心，就不會混淆何謂使命、願景和策略。

決定策略方向時，最根本的問題是組織打算做什麼，以及更重要的：不做什麼。重心則在於客戶、資金、能力與承諾。

- **客戶**：我們打算繼續服務哪些既有的顧客（包括組織外和組織內）？我們提供什麼價值？我們要退出哪些市場？打入哪些市場？在什麼時候？
- **資金**：在打算保留的市場中，要針對哪些業務進行投資？從哪些撤資？可能需要哪些額外的資金？在什麼時候？資金從哪裡來？
- **能力**：我們擅長什麼？不擅長什麼？我們可以運用哪些既有能力（例如擅長開發新產品的能力）？我們必須加強什麼？必須培養或取得哪些能力？
- **承諾**：在投注資源方面，我們要做出什麼承諾？在什麼時候？我們必須承受或設法擺脫哪些難以反轉的承諾？

雖然深入研究策略方向已經超出本書探討的範圍，不過還是有很多很棒的資源可以協助你回答這些問題。此處的重點在於檢視當前的策略方向是否連貫、充分，並徹底執行。

評估策略方向是否連貫

在制定關於顧客、產品、技術、計畫或資源配置的決策時，有沒有遵循一套清楚的邏輯？評估策略方向的各個要素是否一致，必須檢視裡面蘊藏的邏輯，才知道整體策略是否合理。當初研擬策略的人是否想過可能衍生的影響以及實際的執行層面？

如何評估策略方向的邏輯？首先是檢視描述團隊使命、願景和策略的文字，接著將之拆解為市場、產品、技術、職能計畫、目標等不同要素。然後問問自己：不同要素能否相互支援？有沒有一套相連的脈絡？更具體地說，市場分析與團隊目標有沒有明確關聯？產品開發預算是否符合營運部門計畫投入的資金？有沒有安排讓銷售人員熟悉新產品的培訓計畫？

如果組織的策略方向整體而言符合邏輯，你就很容易看到其中的脈絡。

評估策略是否妥善

策略方向是否涵蓋接下來兩、三年的業務？能否支持組織的長遠目標？團隊也許有經過深思熟慮、符合邏輯的策略方向，但是夠不夠妥善？也就是在未來兩、三年當中，那項策略能讓團隊運作順暢，同時幫助組織達到長遠目標。

評估策略方向是否妥善，可以採用下述方法：

- **追根究底**：你的上司是否認為團隊為了追求策略方向所做的努力，能夠得到充分回報？有沒有確保、開發或保存必要資源的計畫？利潤目標或其他目標訂得夠不夠遠大，足以讓團隊穩步前進？是否有足夠的資金進行資本投資與研究？

- **使用眾所周知的SWOT法分析**：請見後面的「從SWOT到TOWS」。
- **深入了解制定策略方向的過程**：找出策略方向發展的過程由什麼人主導。是否倉促完成？如果是的話，他們也許沒有全盤考量所有枝節。是不是花了很長時間才完成？如果是，那就可能是政治鬥爭下的妥協。發展過程中，只要一點差錯，都可能導致策略不夠充分。

從SWOT到TOWS

SWOT分析法可能是分析策略最好用的框架，卻最常受到誤解，一部分是因為這個工具的開發方式，不過最主要的問題出在它的名稱。SWOT是優點（Strengths）、缺點（Weaknesses）、機會（Opportunities）、威脅（Threats）的英文首字母縮寫，由史丹佛研究院（Stanford Research Institute, SRI）團隊在一九六〇年代末期開發而成[34]。他們構思出同時分析自身能力（優勢和劣勢）和外部環境（威脅和機會）的概念，以決定策略重點、制定執行計畫。

很可惜的是，他們將此法命名為SWOT，似乎暗示分析時要按照這樣的順序：首先是自身優缺點，然後才是外部的機會和威脅，使得運用此法討論策略的團隊遇到數不清的問題。由於討論缺乏重心，分析組織的優缺點可能變成抽象、漫無目標的自省。團隊無法確定組織的優勢和劣勢，最後倍感挫折、疲憊不堪，草草完成對外部環境的評估。

正確的方法應該是由外部環境開始，再來分析組織內部。首先要評估組織的外在環境，尋找可能的威脅和機會。當然，這方面的評估必須由實事求是、熟知組織外部環境的人來進行。

找出潛在的威脅和機會後，再來比對組織的能力。組織是否因為有哪些缺點，尤其容易受到特定威脅影響？組織是否擁有某種優勢，因而能追求特定機會？

最後一步是將評估轉化為策略重點，以削弱主要威脅、追求有潛力的機會。我們也可以運用這些分析結果進一步規畫策略。

很多人因為SWOT的名稱，搞不清楚分析順序，所以在此建議將之改名為TOWS，向使用者建議評估的最佳順序。

檢視策略執行情況

同事是否幹勁十足地追求組織的使命、願景、策略？如果沒有，為什麼？檢視策略執行情況時，要觀其行，而非聽其言，才能找出問題是出在規畫不夠充分，還是執行上的缺失。接著再回答下列問題：

- 決策的整體模式是否符合策略方向？組織在追求什麼目標？
- 有沒有使用具體的績效標準衡量每一天的決定？
- 假使需要團隊合作和跨部門協作，員工是否展現團隊精神，不同部門也能共同合作？
- 倘若必須開發新技能，有沒有相關的基礎設施能夠協助員工培養那些技能？

找出答案，你就能分辨要調整團隊的策略方向，還是改變執行策略的方法。

㉞ 請參考維基百科：wikipedia.org/wiki/SWOT_analysis：早期關於SWOT的描述，請見艾德蒙．勒尼得（Edmund P. Learned）、羅納德．克利斯提安森（C. Roland Christiansen）、肯尼斯．安德魯斯（Kenneth Andrews）與威廉．古斯（William D. Guth）的《商業政策：主題與個案》（*Business Policy: Text and Cases*），伊利諾州霍姆伍德（Homewood, IL）爾文出版社（Irwin），一九六九年。

調整策略方向

假設你發現前任留下的使命、願景、策略有嚴重的缺失，要不要大刀闊斧地修正或改變執行方式？這取決於兩個因素：當前的STARS情境，以及你是否能取得支持？

如果你認為團隊走錯路，就要提出來，讓上司和其他人重新檢視策略方向。如果既有策略可以推動團隊前進，但是推得不夠快或不夠遠，最明智的做法也許是先稍微調整，並規畫日後幅度較大的改變，例如適度地提高營收目標，或者建議提前投注資金、取得必要技術。**根本的改變應該等到你了解更多、爭取到重要人士的支持後再來進行。**

打造團隊的結構

無論決定要不要改變組織的策略方向，都必須評估組織的結構合不合適。若結構無法支援現有策略或是你打算推行的策略，就很難引導組織的能量。

有一點要特別注意：組織裡很多力量是透過結構來分配，因為那決定了誰有權力做什麼事。所以**千萬不要輕易改變結構，除非是徹底改造或快速成長這種明顯必須更動的情況**。如果是調整重組，過早改變結構尤其危險，因為還不到事態嚴重、非改變不可的地步。

究竟什麼是結構？最簡單地說，團隊結構是配置人員與技術的方法，目的是達成使命、願景和策略。結構包含以下要素：

- **單位**：如何將直屬部屬分門別類，例如按照職能、產品或地理位置。
- **呈報關係與整合機制**：呈報和究責的架構如何建立？如何整合不同單位的工作成果？
- **決策權和規則**：誰有權做哪些類型的決定？必須遵循哪些規則，才能確保決定符合決策方向？
- **績效評估與獎勵制度**：目前有哪些績效評量標準與獎勵制度？

評估結構

構思重塑結構的方法前，要檢視四要素間的關係。是毫無章法還是相互配合？試問自己下列問題：

- **團隊成員分組的方式，是否有助於達成使命與執行策略？**有沒有把合適的人安排在合適的位置上，朝著核心目標前進？
- **呈報的關係能否讓各方目標一致？**什麼人負責什麼事是否定義明確？不同單位的工作成果能否有效整合？
- **決策權的分配方式，是否有助於做出符合策略的最佳決策？**有沒有適當地平衡集權和分權、標準化與客製化？

- **有沒有衡量並獎勵有助於達到策略目標的成就？**固定獎勵和績效獎勵、個人獎勵和團隊獎勵是否取得適當平衡？

如果是新創事業，你正在建立新團隊，就沒有既有結構可以評估。請思考你希望這四個要素如何運作。

權衡得失

世界上沒有完美的組織架構，因為有得必有失。因此你的挑戰是針對當前情境找出最佳平衡。考慮更動組織結構時，要記得下述常見的問題：

- **組織的專業過於狹隘**：把具有相同經驗和才能的人聚集在一起，或許能累積深厚的專業知識，但是也可能孤立封閉。這代表你必須留意團隊整合的方式，包括檢視由什麼人負責搭起部門之間的橋樑，並確定有沒有適當的整合機制，例如跨部門團隊和團隊績效獎勵。
- **員工的決策範圍過窄或過寬**：一般而言，我們應該讓最能掌握相關知識的人做決策，不過前提是要有鼓勵他們為組織爭取最大利益的獎勵機制。如果採用集權式的決策過程，你（也許包括其他主管）能夠快速做出決定，但是就無法集思廣益。這樣的結構可能導致主管在資訊不充分的情況下做決定，決策者也負擔過重，不過，倘若把決定權交由對大局不夠理解的員工，也可能做出不明智的決定。

- **獎勵失當，鼓勵員工做不對的事**：預測一個人做什麼事，最好的方法就是看他做什麼能獲得獎賞。聰明的領導人知道如何讓個人做決策的利益符合整體利益，這也是為什麼強調團隊的獎勵制度有時很管用，因為這麼一來，大家都會重視團隊合作。如果評量與報酬既不鼓勵個人成就，也沒有獎勵團隊成效，就一定會出問題。此外，獎勵制度也不能促使員工為了個人利益犧牲組織的目標，例如服務同一批客戶的員工缺少合作的誘因。本章一開始提到的潔菲就是遇到這個問題。
- **呈報關係導致各自為政或職權分散**：呈報關係應該有助於觀察與掌握團隊運作、釐清責任，並鼓勵承擔責任。如果是階級式的呈報關係，這些任務就比較容易達成，不過也可能導致各自為政、不願分享資訊；複雜的呈報制度，比如說矩陣式架構，有助於訊息分享，但是也可能造成職權分散。

確定核心流程一致

核心流程（通常稱為制度）讓團隊將訊息、材料和知識轉化為有價值的商業產品與服務、新知識或想法、有成效的工作關係，或是其他重要的價值。此處和檢視組織結構時一樣，請自問，現有的流程能否支援你的使命、願景和策略？

適當的取捨

請記住，流程涵蓋的範圍和種類，端看你如何取捨，比如說你的首要目標是完美執行還是激發創意？[35]如果沒有花心思開發能夠確立目標和方法（包括做法、技術和工具）的流程，就很難降低做事的成本，同時取得高品質、可靠的結果，最明顯的例子就是製造工廠和提供服務的組織。但是這樣的流程也可能阻礙創新。所以如果你的目標是鼓勵創新，就要制定著重於定義結果的流程，並嚴格檢視抵達關鍵目標的進度，而非控制達成目標的手段。

表 6-1　流程分析實例

製造／提供服務流程	支援／服務流程	營運流程
處理申請	收款	品質管理
審核信用	顧客的詢問	財務管理
製作信用卡	顧客關係管理	人力資源管理
授權管理	資訊與技術管理	
處理交易		
帳單		
處理付款		

分析流程

表6-1為一間信用卡公司分析核心流程的結果。找出流程後，他們詳細列出、改善每一項流程，另外也制定適當的評量機制、調整獎勵制度，讓員工目標一致。此外，他們也花時間找出主要的瓶頸。對於原本沒能充分掌控的重要任務，他們則是修訂流程、引入新的支援工具。顧客滿意度與生產力都因此顯著提升。

你的部門或團隊可能也有很多流程，就像這間信用卡公司一樣。所以第一個挑戰是找出流程，接著判斷其中哪些流程對策略來說最重要，例如：假設團隊的策略著重於顧客滿意度，而非產品開發，那麼所有提供顧客產品或服務的流程都必須支援這個目標。

流程要符合組織結構

團隊的核心流程必須和組織結構（配置人員和工作的方式）相符，才能支持策略方向。這種關係就像人的身體，我們的骨骼、肌肉、皮膚，以及其他構造，都是人體功能的基礎架

㉟建立「面面俱到」的組織很不容易。請見麥可・塔辛曼（Michael L. Tushman）和查爾斯・奧賴利三世（Charles O'Reilly III）的《勇於創新：組織的改造與重生》（*Winning Through Innovation: A Practical Guide to Leading Organizational Change and Renewal*）修訂版，波士頓：哈佛商學院出版社，二〇〇二年。

構，而我們的生理機能，包括循環、呼吸、消化等等，則是讓身體各部分共同運作的系統（也就是流程）。組織就像人體，結構與流程必須健全，而且要相輔相成。

評估核心流程的效率和成效，必須檢視以下四個層面：

- **產能**：流程能否有效率地將知識、材料和勞力轉化為價值？
- **適時**：流程能否及時提供期望中的價值？
- **可靠**：流程可不可靠？還是太常出狀況？
- **品質**：流程能否持續提供符合品質標準的產品或服務？

假使流程與結構相符，結果就會令人滿意，例如提供服務的組織，結構以特定顧客群區分，團隊之間共享訊息，就能有效率地處理可能影響所有客戶的問題。但是假使流程與架構不一致，例如不同團隊使用不同銷售流程、爭取同一批客戶，就會互扯後腿、破壞整體策略。

改善核心流程

所以要如何改善核心流程？首先是製作流程圖，以圖表顯示個人與團隊在每一項特定流程處理任務的方式。圖6-2是簡化過執行訂單流程圖。

請各階段負責人繪製從頭到尾的做事流程，然後要求團隊檢視負責前後任務的同事之間，是否存在瓶頸或問題，例如客戶關係部門通知執行訂單的團隊，請他們特別處理某筆訂單時，中間可能出現錯誤或延誤。這種接續的環節經常出問題。請與團隊一起找出一勞永逸的改善方式。

流程分析能夠激發共同學習，讓整個團隊了解在部門或小組內部或相互之間，究竟由誰負責推動特定流程。建立工作流程圖也能彰顯問題根源，這樣一來，你、上司和團隊就能決定改善流程的最好方法，例如，將流程簡化或自動化。

在此特別提醒，你也許同時負責好幾項流程，如果是這樣，請分開管

圖 6-2　流程圖

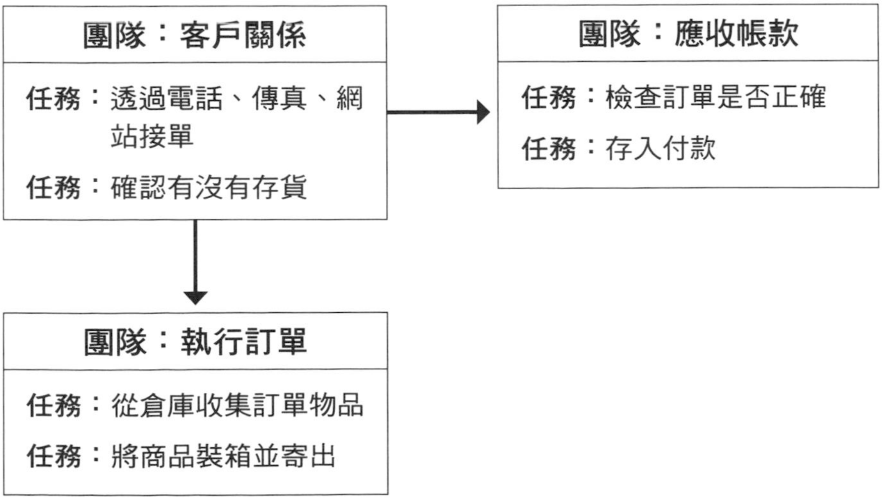

理，一次處理一小部分，並將組織接受改變的能力納入考量。

培養團隊的技能基礎

你的直屬部屬是否具備必要的技能和知識，以執行團隊核心流程，並支持公司策略？倘若沒有的話，團隊的整體架構也可能跟著出問題。技能基礎涵蓋以下四種知識：

- **個人專業**：透過培訓、教育、經驗取得。
- **人際關係的知識**：了解如何與人合作、整合知識，以達成特定的目標。
- **內嵌知識**（Embedded Knowledge）：團隊績效仰賴的核心技術，例如顧客資料庫或研發技術。
- **元知識**（Meta Knowledge）：知道去哪裡取得關鍵知識，例如透過研究機構和技術夥伴這類外部關係。

找出缺失與資源

評估團隊能力的首要目標是確認目前缺少哪些重要的技能和知識，並找出尚未充分運用的資源，例如開發到一半的技術或白白浪費的專業能力。彌補差距、妥善運用資源，就可以大幅提升績效與產能。

檢視技能與知識方面的缺失時，可以回顧之前確認的使命、策略與核心流程。思考一下，你需要哪幾種四種知識，才能讓核心流程運作順暢。想像理想的知識組合。接著評估團隊目前的技能、知識和技術，兩者之間有沒有差距？其中哪些知識能快速補強，哪些要花較長的時間？

要辨識出沒有充分運用的資源，需要找出表現優於一般的個人或團隊。他們如何做到？他們是否擁有可以分享給其他人的資源，包括技術、方法、材料或重要人士的支持？好點子是不是因為缺乏興趣或投資而被束之高閣？是不是只要調整既有的生產資源，就能服務新顧客了呢？

透過改變架構改變文化

請記得，文化無法直接改變，因為它深受組織架構的四大要素與領導團隊的行為影響。意思是，**如果想改變文化，你必須先改變架構，同時以應變的領導方式來強化目標**。

其中一個例子是**改變評估標準**，並確保員工的目標與獎勵措施符合新標準，例如調整個人和團隊獎勵的比例。員工是否必須密切合作、協調，才能取得成效，例如產品開發團隊？如果是的話，那就要提高團隊獎勵的比例。團隊成員是不是獨立運作，例如銷售部門？如果是這樣，而且你可以分別衡量每個人對業務的貢獻，那就著重於個人獎勵吧。

調整組織步調一致

運用本章討論的各種分析法，制定一套讓組織步調一致的計畫。如果你發現同事做事總是效率不彰，那就後退一步，思考問題的根源是否出在目標不一致。

檢查清單：調整組織步調一致

1. 公司的策略方向、結構、流程或技能有沒有不一致的現象？如何深入探究，以證實或修正你的看法？
2. 你要做哪些關於客戶、資金、能力、承諾的決策？如何與何時決定？
3. 組織的策略方向是否連貫或明確？你目前對改變組織策略方向有什麼想法？
4. 組織的結構有哪些優缺點？你考慮推動哪些結構上的改變？
5. 組織有哪些核心流程？效果如何？哪些部分必須優先改善？
6. 你們缺少哪些技能、哪些資源沒有充分運用？有什麼必須優先加強的關鍵技能？

第 7 章

打造你的團隊

連恩・蓋芬（Liam Geffen）奉命領導在流程自動化公司中問題重重的團隊，他知道那是相當繁重的任務。檢視新團隊前一年的考績報告之後，他更是清楚感受到挑戰有多艱鉅，因為團隊所有成員不是表現出眾，就是差強人意，沒有任何人卡在中間。看來他的前任主管有失偏頗。

他與新部屬談話並仔細檢查營運表現之後，蓋芬證實了他的懷疑：考績的確遭到扭曲。尤其是行銷副總裁，雖然看似足以勝任，但是絕不到卓越超群的地步，不過他對自己得到的評價深具信心。蓋芬倒是認為業務副總裁實力堅強，卻因為前任主管錯誤的決策而成了代罪羔羊。當然，行銷和業務部門間的關係很緊張。

蓋芬意識到這兩名副總裁不是其中一人必須離職，就是兩人都得離開。他分別與兩人開會，坦率地告訴他們自己對考績的看法。接著為兩人分別列出為期兩個月的詳盡計畫。在此同時，他和人力資源副總裁暗中對外尋覓替代人選。蓋芬也直接和中階主管舉行越級會議，除了評估人才素質，他也尋找可能拔擢為高階主管的人選。

第三個月結束時，蓋芬向行銷副總裁表示他可能待不下去，對方隨即離職，由他的部屬接替。業務副總裁則是順利通過蓋芬的考驗。蓋芬深信這兩個重要職務都由實力堅強的人擔任，團隊向前邁進的工作已經準備就緒。

蓋芬知道團隊不能有不適任的成員。如果你像大部分新上任的領導人一樣，接收一群直屬部屬，就必須打造自己的團隊，才能部署人才、取得成效。**上任前九十天最重要的決策也**

許就是人事方面的決策。若能建立高績效的團隊，就可以借力使力、創造極大價值；如果做不到，前景就不太妙了，因為領導人單憑一己之力很難成大事。一開始做出錯誤的人事決定，日後可能都得面對糾纏不去的問題。

儘管找到合適的人選很重要，不過光是這樣還不夠。首先，你必須評估當前的團隊，包括直屬和非直屬部屬，決定哪些環節必須改變；然後要擬定計畫，在延聘人才、將留任的同事調到適當職位之餘，又不能對短期業績造成太大影響；另外還要讓團隊目標一致，朝著預期的方向前進；最後，你必須建立鼓勵團隊合作的流程。

避開常見的陷阱

許多新上任的領導人在建立團隊的過程中犯錯，結果不是拖了很久才達到平衡點，就是完全偏離目標。以下是常見的陷阱：

- **批評前任領導人**：批評之前的領導人對你完全沒好處，這不代表你要包容過去糟糕的表現，也不是說你不能強調問題所在。你當然要評估前任領導人所做所為的影響，但是與其指責別人犯了什麼錯，不如著重於評估當前的行為和結果，並在必要時加以修正，以提升表現。

- **維持既有團隊太久：**除了新創事業階段外，你不須從頭打造團隊。基本上，你是接手既有團隊，把它塑造成你希望的模樣，然後帶領團隊實現目標。有些領導人操之過急、貿然撤換團隊成員，不過比較常見的情況是觀望太久，無論是由於過度自信（這些人過去表現不好，是因為沒有像我這樣的領導人），還是不願處理困難的人事問題，最後都只能帶領差強人意的團隊。意思是領導人與其他比較優秀的同事必須承擔更多責任。至於撤換團隊成員的程度和時程，則取決於你面臨的STARS情境：如果是徹底改造，可能要在短時間內做決定，而調整重組的時間就比較寬裕。此外，對於人事決定，你也未必能完全做主，可能得接受現實、設法善用你接手的團隊，像是定義每個人的角色。**無論如何，你都要設下決定成員去留與安排的期限，在九十天內採取行動，然後堅持到底**。
- **沒有在穩定和改變間取得平衡：**打造從別人手中接下的團隊，就像在茫茫大海中修理漏水的船。如果該修理時不修補，就無法抵達目的地，但是你也不能在短時間內改變太多，這樣船才不會沉沒。關鍵在於找出穩定和改變之間的平衡。**一開始只處理最重要的人事問題**，例如有些人雖然表現平庸，不過還可以湊合著用，那就先不要更動。
- **協調組織和培養團隊沒有齊頭並進：**如果船長不知道航行的目的地和航線，也不了解船隻，就無法選擇合適的船員。同樣的，要是不確定策略方向、結構、流程和能力如何改變，你就無法建立團隊，因為你可能把對的人放到不對的位置上。如圖7-1顯示

圖 7-1　調整組織架構與重整團隊齊頭並進

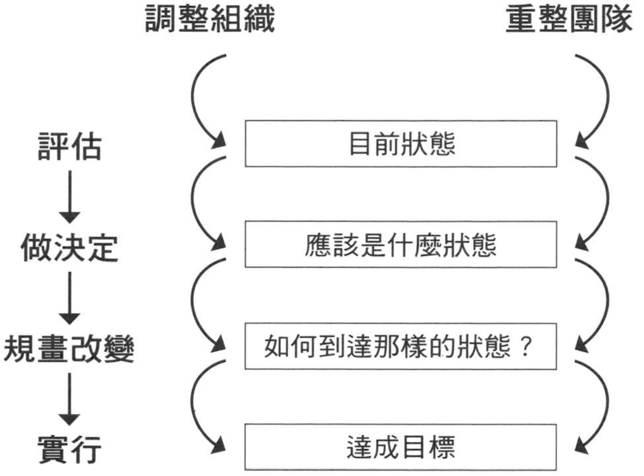

的，評估團隊和決定人事變動時，必須同時評估組織、檢視不同元素是否一致。

- **留不住優秀人才**：一名經驗豐富的主管告訴我們失去人才的慘痛教訓：「**你用力搖晃一棵樹，優秀的員工也可能掉落。**」意思是不知道誰能留下、誰得離開的不確定感，可能導致團隊的傑出人才另謀高就。所以你雖然不能過早公開人事決定，還是要設法向最優秀的成員發出訊號，讓對方知道你認可他們的能力。幾句肯定的話就很管用。
- **核心成員到位前就開始培養團隊精神**：你也許迫不及待、想趕快培養團隊精神，但是團隊成員關係鞏固了，有些人卻可能離開。因此，在團隊成員大致就位前，都要避免培養團隊精神的活動，當然，這不代表你們不能一起開會，只要把注意力集中在業務上就好。

- **太早做出和執行相關的決策：**如果重要任務必須獲得團隊的支持才能順利執行，那就要等核心成員到位後再做決定。當然，有些決策無法拖延，但是先做決策，再要求新加入的同事執行他們沒有參與規畫的方案，很可能適得其反。所以要仔細斟酌，了解迅速推行重要措施雖然有好處，卻可能得不到後來加入成員的支持。
- **凡事一肩挑：**最後請記住，重整團隊的過程很複雜，充滿情緒和法律問題，也必須考量公司政策。不要想一個人解決所有問題，請尋找能提供好建議、幫助你擬定策略的人。重整團隊時，務必尋求人力資源部門的協助。

以上陷阱都避開後，我們如何打造團隊？首先是仔細評估接手的團隊，然後制定計畫，把團隊塑造成你心目中的模樣。同時也要設法讓團隊朝著既定的策略方向前進，並取得初期成效、落實績效管理與決策流程。

評估團隊

你很可能接手一些優秀人才（A咖）、一些表現平庸的人（B咖），和一些根本無法勝任的員工（C咖）。團隊裡也會有一套互動模式和辦公室政治，其中有些人甚至爭取過你的職位。最初的三十天到六十天（天數長短取決於當時的STARS組合），你必須弄清楚誰是誰、誰扮演什麼角色，以及團隊過去的做事方法。

建立評估標準

見過團隊成員、比對結果和考績之後，你難免會對他們形成初步印象。不用壓抑一開始的反應，但是務必後退一步，先進行更嚴密的評估。

首先，你要釐清自己評估部屬時公開或暗中採用什麼準則，例如以下六項標準：

- **能力**：此人是否具備執行任務的技術和經驗？
- **判斷力**：此人是否具備良好的判斷力，尤其在壓力下，或是遇到必須犧牲小我、完成大我的時候？
- **能量**：此人是否在工作時散發正面的能量？還是一副筋疲力竭、漫不經心的模樣？
- **專注力**：此人是否有能力分辨工作的先後順序，並徹底執行，還是三心二意、東摸西拖？
- **人際關係**：此人是否和其他成員相處融洽、能夠支持團體的決定，還是難以共事？
- **信任**：你能否信任對方信守承諾、說到做到？

表 7-1　評估衡量標準

衡量標準	相對的比重（以100分為總數，按比例分配給6項標準）	門檻標準（以星號標示）
能力		
判斷力		
能量		
專注力		
人際關係		
信任		

表7-1可以幫助你大致了解自己的衡量標準。請根據自己評估部屬相對重視的程度，以一百分為比例來分配這六項標準，把分數填寫在中間那列，全部加起來必須是一百分。接著，在這些標準中，選出一個做為門檻標準，也就是說，如果此人未達到這項標準的基本門檻，那其他就根本不用看。請在右列以星號標出門檻標準。

現在請思考一下，以上的分析是否準確反映出你評估團隊成員時遵循的價值觀？如果是的話，有沒有出現可能的盲點？我們要花時間思考自己的標準，才能進行嚴謹、有條理的評估。

檢視你的既定想法

評估標準可能反映出內心的既定想法，也就是你認為能夠改變員工哪些部分、哪些事則無法改變。假使你給「人際關係」的分數很低，「判斷力」則是很高分，也許因為你認為團隊成員的關係是你有辦法影響的部分，而判斷力你就無計可施。同樣的，你可能和許多領導人一樣，把「信任」設為門檻因素，因為你認為自己必須能夠信任替你做事的人，也覺得那是無法改變的人格特質。你的假設很可能沒錯，關鍵是你必須察覺自己有這些想法。

將專業職能納入考量

假使團隊成員各自擁有不同專長，例如行銷、財務、營運、研發，你就必須了解他們能否勝任各自的領域。這項任務乍看之下可能令人卻步，尤其如果你第一次領導一間企業。內部升職的領導人可以請教不同單位受人敬重並熟悉團隊成員的同事。（若想了解更多關於升職為企業領導人的挑戰，可以參考我在二〇一二年六月《哈佛商業評論》發表的文章〈從經理人變領導人〉（How Managers Become Leaders）。

如果是加入新組織的領導人，可以考慮擬定評估行銷、業務、財務、營運等專業職能的範本。合適的範本必須涵蓋不同職能的關鍵績效指標（KPI）、關鍵績效指標顯示或不顯示什麼、要問哪些問題，以及警告訊號。制定範本時，請與經驗豐富的企業領導人討論，詢問不同專業職能時必須重視哪些環節。

將團隊合作納入考量

評估衡量比重時，也要考量部屬的工作型態，例如：假設你擔任行銷副總裁，負責管理各地區的行銷經理，此時評估團隊的重點，和掌管產品開發團隊有何不同？

直屬部屬獨立作業的程度，會影響衡量標準的比重。如果你的部屬基本上是獨立運作，那麼相較於相互依賴的產品開發團隊，他們能否合作就不是那麼重要，反而是個人的表現比較重要。

將STARS情境組合納入考量

評估標準也取決於STARS情境組合，也就是你接手的情況包含新創事業、徹底改造、加速成長、調整重組、維持成功這五種類別中的哪幾類。假使是維持成功，你可能有時間培養一、兩名有潛力的團隊成員，如果你有自信能將他們改造為A咖，那現在是B咖就無所謂[36]。相較之下，如果是徹底改造的情況，你就需要馬上能一展長才的A咖。

另外也要評估團隊成員的STARS經驗和能力，以及他們能否應付當前情境。例如：假設你接手一家過去非常成功，後來日漸衰微、歷經重組失敗的公司，必須帶領公司徹底改造，團隊成員也許在維持成功或調整重組的情況表現優異，卻不適合徹底改造情境。

將職位的重要程度納入考量

最後，評估團隊成員也要考量職位的重要程度。除了人的因素，職位也很重要[37]，所以要花時間思考直屬或非直屬部屬的職位對你的影響。你可以把所有職位列出來，以一到十分衡量每一項職位的重要程度，就能在評估時納入考量。

這個步驟很重要，因為改變人事會耗費很多精力。沒那麼重要的職位由表現平庸的人擔任，也許就無所謂，不過重要職務就完全不能接受。

評估員工

制定好一套評估標準，準備根據職位的重要程度展開評估時，**第一關就是檢視有沒有人不符合門檻標準**。如果有的話，就要想辦法撤換，不過，光是符合基本要求，並不代表一定

㊱ 關於不同類型員工的討論，請見湯瑪斯．狄隆（Thomas J. DeLong）和維尼塔．維佳亞拉哈凡（Vineeta Vijayaraghavan）的〈看見你的潛力股員工〉（Let's Hear It for B Players），《哈佛商業評論》，二〇〇三年六月號，第九十六至一〇二頁與第一百二十七頁。

㊲ 休斯里德（M. Huselid）、比提（R. Beatty）和貝克（B. Becker），〈「頂尖」員工還是「關鍵」職位？員工管理的策略邏輯〉（'A Players' or 'A Positions'? The Strategic Logic of Workforce Management），《哈佛商業評論》，二〇〇五年十二月號，第一一〇至第一一七頁與第一百五十四頁。

值得留下。請繼續評估團隊成員的優缺點，將每一項標準的比重納入考量。現在誰及格、誰不及格？

盡快一一會見每一名成員，也許是非正式討論、正式會議，或是融合兩種形式，可以依據你的作風來決定，不過，無論是事前準備或談話重心都要遵循一套標準：

1. 每一場會議都要做好準備。檢視手邊的人事記錄、業績數據以及其他考核資料。設法了解每個人的專業技能或技術，這樣才能評估該名成員在團隊中扮演的角色。
2. 擬定面談範本。問每個人同一套問題，觀察答案有什麼不一樣。例如：
   —公司目前的策略有什麼優缺點？
   —短期和中期最大的挑戰和機遇是什麼？
   —哪些資源應該更有效地運用？
   —如何改善團隊合作的方式？
   —如果你是我，會優先推動哪些工作？
3. 留意語言和非語言線索。注意用詞、肢體語言和敏感問題。
   —留意對方沒說出口的話。此人會主動提供訊息，還是你必須再三詢問？對方是否願意為個人領域的問題負責，還是很會找藉口、巧妙地把責任推到別人身上？
   —這個人的臉部表情和肢體語言是否符合他說的話？

—哪些話題會引發強烈情緒？這類敏感問題是很好的線索，你可以藉此找出什麼事或什麼改變能激勵對方。

—除了一對一會面，也要留意此人和其他成員的互動。他們的關係是否融洽、正面？還是緊張、充滿競爭？他們是對彼此品頭論足，還是含蓄隱諱？

測試判斷力

除了專業技術或夠不夠聰明，評估團隊成員判斷事物的能力也很重要。有些人絕頂聰明，但判斷力極差，有些人能力一般，卻擁有卓越的判斷力。所以我們要思考關鍵員工必須具備什麼樣的知識和判斷力。

評估判斷力的一個方法，是和對方長期共事，觀察他能否做出正確預測並防患未然。以上兩種能力都需要運用個人的心智模式，也就是能夠辨識情勢的特徵和發展方向，並將見解轉化為有效行動，這就是專業判斷。當然，問題在於證實預測得花時間，而你沒有那麼多時間。還好我們可以運用一些捷徑。

其中一個方法是，**提出可以快速驗證的事物測試對方的判斷力**，例如詢問對方除了工作外熱衷的主題，政治、烹飪、棒球都可以，請他們預測：「你認為哪個人辯論的表現會比較好？」「怎麼樣才能烤出完美的舒芙蕾鬆餅？」「今晚的比賽哪一隊會贏？」要求他們明確表態，不願冒險本身就是危險訊號。然後追問對方為何認為自己的預測正確，並思考他們的說法有沒有道理。如果可能的話，請追蹤後續結果。

此處測試的是一個人能否在特定領域運用專業判斷力。如果在私領域稱得上專家，只要有足夠熱情，也可能精通自己選擇的專業領域。無論採用什麼方法，重點在於設法了解對方是否具備專業特質，而非被動地等待員工在工作上有所表現。

對團隊進行整體評估

除了個別評估團隊成員，也要評估團隊的整體表現。請運用以下技巧了解團隊動態：

- **研讀資料**：檢視團隊會議的報告與記錄，如果有針對各部門風氣或士氣的調查結果，也要拿來研究。
- **有系統地提問**：與團隊成員單獨會面時，要詢問每個人同一套問題，然後評估他們的回應。答案是否過度相似？若是如此，他們可能事先套好招，所以口徑一致，不過也可能大家真的看法一致，這就有賴你去觀察了。答案是否南轅北轍？若如此，團隊可能缺乏向心力。
- **調查團隊動態**：一開始開會時，要觀察團隊成員如何互動。其中有沒有派系？不尋常的態度？還是領導人物？針對特定話題，誰聽從誰的意見？某人說話的時候，其他人是翻白眼，還是表示反對或不耐煩？留意這些跡象，用來測試你一開始的觀察結果，並找出派系和衝突。

發展你的團隊

根據職能專業、團隊合作的程度、STARS情境組合、職位重要程度來評估每一名團隊成員的能力之後，下一步就是思考對每一個人的安排。上任三十天後，你應該能暫時將他們一一歸納到下面類別中的一類：

- **留任原職**：此人在目前職位表現良好。
- **留任，但必須培養**：此人需要培養，你也有時間和精力協助對方。
- **調職**：此人能力不錯，但是原本的職位無法讓他充分發揮技能或人格特質。
- **撤換（不需優先處理）**：此人必須撤換，不過沒那麼緊急。
- **撤換（必須優先處理）**：此人應盡速撤換。
- **有待觀察**：此人的情況還不明朗，你需要進一步了解，才能做出最終判斷。

這些評估並非沒有轉圜餘地，不過你應該有九〇%的信心。如果有些人你還無法確定，就將之放入「有待觀察」的類別，等了解更多資訊後，再來修正或調整你的評估。

考慮替代方案

你可能打算立刻撤換必須優先處理的人事，不過請先思考有沒有替代方案。開除員工也許沒那麼容易，而且曠日費時，即使糟糕的表現都有詳盡記錄，整個過程也可能要花好幾個月、甚至更久。假使沒有書面證據，你還得花時間記錄。

此外，你能否開除員工也取決於各種因素，包括法律保障、組織文化與政治派系，即便對方的表現實在很糟，你也可能根本無法將之解雇。假使遇到這種情形，你就要找出最好的解決方法。

還好有一些替代方案。一般來說，你只要向對方發送明確訊號，表現不稱職的員工就會自動離開。不然你也可以和人力資源部合作，將該名員工轉調到更適合他的職位，包括：

- **改變角色**：將員工調到團隊中更適合他的職位。如果對方的表現有問題，這也許不是一勞久逸的對策，不過在你找到合適的接替人選前，這麼做能暫時讓團隊運作順暢。
- **移除責任**：如果那名員工還是難有貢獻，甚至會干擾、影響別人工作，那不如讓他什麼也不做。可以考慮大幅度縮減他的職責，這也等於在發送訊號，讓對方了解你對他的看法，也許他會意識到自己最好主動離職。
- **調到公司其他單位**：協助對方在公司裡找到更適合他的職位。有時候，如果處理得當，這樣的安排對於你、那名員工和整個組織都有好處。不過，除非你真心相信對方在其他部門會有好表現，否則別採用這個方案。把燙手山芋丟給別人，絕對會損害你的聲譽。

培養後援資源

致力為長遠目標布局的同時，團隊也必須正常運作，所以在找到替代人選之前，你也許要留任表現沒那麼好的員工。一旦確定某人實在無法勝任，你就要暗中尋覓接替人選，包括評估團隊其他成員或是公司內其他員工，看看有沒有適合拔擢的人才，另外也可以利用跨級會議或例行報告評估可能的人選，或是請人資部門協助搜尋。

尊重團隊成員

在打造團隊的每一個階段，都要盡力尊重每一名員工。即便所有人都認為某人必須離開，只要他們覺得你的作法有失公平，也會影響你的名聲。所以要盡可能讓同事看到你有花心思評估團隊成員的能力、思考什麼人適合什麼職位。你怎麼處理這些事，部屬都會看在眼裡、記在心裡。

圖 7-2　使用推動與拉引工具激勵員工

推動工具

- 績效獎勵
- 呈報制度
- 規畫流程
- 做事程序
- 任務陳述

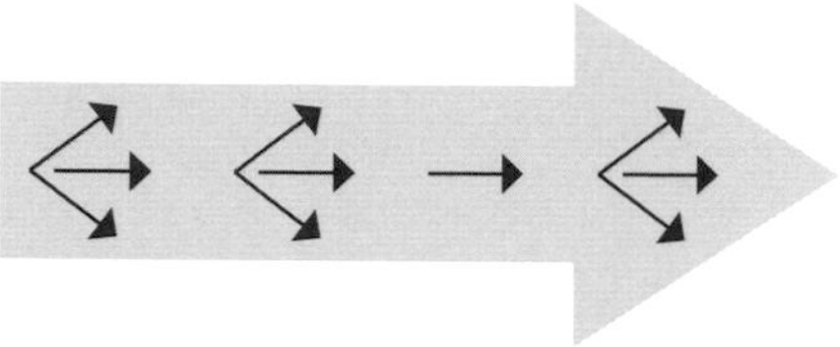

拉引工具

- 共同願景
- 團隊合作

讓團隊目標一致

以合適的人才打造團隊很重要，不過光是這樣還不夠。為了執行重要計畫、取得初期成效，你必須指派任務，讓團隊成員協助你達成目標。首先，你要把目標拆解為不同元素，然後和團隊一起分配工作；接下來就是要求每個人負責管理自己的目標。不過，責任感要如何提升？

如果圖 7-2 所示，若想激勵士氣、讓團隊朝著一致的目標前進，最好的方法是融合推動與拉引（Push and Pull）的工具。**推動工具**包括設定目標、績效評估制度、獎勵措施，透過威權、忠誠、恐懼與對獎勵的期望，激勵團隊成員追求成效；**拉引工具**則包括鼓舞人心的願景，能夠引發對未來積極、振奮的想像，產生激勵效果。

如何融合推與拉，就要由你來判斷、思考團隊成員偏好哪一種激勵方式。精力充沛、幹勁十足的人也許喜歡拉引工具；而行事縝密、不願冒險的人，也許比較適合用推動工具。

另外也要考量你們的STARS情境。徹底改造通常包含大量推動工具，由於問題已經出現，人們知道自己一定得做些什麼；如果是調整重組的情況，營造急迫感就沒那麼容易，必須花較多心思制定拉引工具，像是描繪振奮人心的願景。

制定明確的目標與績效標準

在推動方面，建立並堅守明確的績效標準最能鼓勵責任感。因此，你選擇的衡量標準必須能清楚顯示團隊成員是否達成目標。

避免定義模糊的目標，像是「增加銷售」或「縮短產品開發時程」，而是採用可以量化的目標，例如「X產品今年第四季的銷售額要增加一五%到三〇%」，或者「接下來兩年內，Y產品線的開發時間要從十二個月縮短到六個月。」

績效獎勵必須與目標一致

你必須思考什麼是激勵團隊實現目標的最好方法？如何運用金錢與非金錢的獎勵？

此外，你也要決定獎勵是依據個人還是群體表現，答案取決於團隊是否真正需要合作。如果需要，那就要著重於團隊獎勵；假使只要一群人各自表現良好，那就著重於個別獎勵。

找出適當的平衡很重要。倘若部屬獨立運作，組織成效主要取決於個人的工作成果，就不須鼓勵團隊合作，那就可以考慮獎勵個人表現的制度；如果組織成效幾乎得仰賴共同努力、整合不同團隊成員的專長，那就要運用集體的目標和獎勵，讓團隊腳步一致。

一般來說，你必須同時獎勵個人和團隊優異的表現，因為部屬有時獨立作業、有時要一起努力。適當的比例取決於獨立和合作任務在組織內的重要程度（請見後面的「獎勵方程式」）。

獎勵方程式

你可以運用以下的方程式，找出如何融合各種獎勵制度，以鼓勵員工達到你期望中的表現。基本公式如下：

總獎勵＝非金錢獎勵＋金錢獎勵

非金錢獎勵和金錢獎勵的比例取決於（1）你可以運用哪些非金錢獎勵，像是升遷與肯定，以及（2）這些獎勵在相關人士心目中有多重要。

金錢獎勵＝固定報酬＋績效獎金

固定報酬和績效獎金的比例取決於（1）員工對組織的貢獻能夠觀察、衡量的程度，以及（2）員工的表現多久能看到成果。貢獻能夠觀察、衡量的程度越低，能看到成果的時間越長，你就越得仰賴固定報酬。

績效獎金＝個人績效獎金＋團隊績效獎金

個人績效獎金與團隊績效獎金的比例取決於必須合作的程度。倘若優異的表現是獨立作業加總起來的成果，那就應該獎勵個人績效（例如銷售團隊）；假使團隊必須合作、整合眾人的專長，那就要提高團體績效的比例（例如新產品開發團隊）。請注意，團體績效可能分成好幾個層級，像是小組、部門以及全公司。

設計獎勵制度必須謹慎，假使獎勵與目標不相符，可能相當危險。無論部屬是履行個人職責還是集體任務，你都希望他們幫助你達成目標。遇到必須合作的情況，你的績效制度就不該鼓勵他們追求個人目標，反之亦然。

明確地闡述願景

協調團隊目標時，不要忘了組織的願景，畢竟你們每天到公司上班，最主要的原因就是為了實現願景。

鼓舞人心的願景具有以下特質：

- **具有感召人心的力量**：這種願景的基礎是讓人感受到滿足與喜悅的內在動機（Intrinsic Motivation），例如團隊合作，或是對社會有貢獻，例如一家骨科醫療設備公司的願景是「重拾運動的快樂」，伴隨受傷的運動員再次出賽、祖父母能夠抱孫的故事。
- **讓員工成為「故事」的一部分**：最好的願景能夠把人與有意義的故事連結在一起，例如重拾組織過去的榮光。
- **文字能夠激發美好的想像**：願景必須生動描述組織能夠實現的理想，以及實現之後的感受。十年內發射十二枚火箭是目標；十年內將一個人送上月球，再讓他安然返回地球，如同約翰．甘迺迪總統（President John F. Kennedy）描述的理想，就是願景。

你可以使用表7-2「制定鼓舞人心的願景」中的類別來制定願景。要不斷自問，如何讓同事感到振奮、願意投注更多心力實現我們為組織訂立的目標？

制定、傳達願景時，請記得下列原則：

- **透過協商來取得支持**：清楚說明願景有哪些部分沒得商量，但是其他部分就要保持彈性，請同事提供建議並納入考量。這樣他們才會對願景產生「共有感」

表 7-2　制定鼓舞人心的願景

有沒有堅定的信念？	• 致力於實現某個理想 • 為了實現理想而犧牲
是否對世人有貢獻？	• 服務顧客與供應商 • 創造更美好的社會與世界
是否鼓勵個人成長？	• 尊重員工，不支持剝削或略施小惠的做法 • 協助員工發揮潛能
是否展現出誠信？	• 合乎道德、誠實的行為 • 公平公正
有沒有遠大的目標？	• 追求卓越、品質與持續改善 • 提供有挑戰性的機會
是否能成為團隊的一份子？	• 群體合作，隨時考量團隊利益 • 強調個人為團隊貢獻的氛圍
是否能掌控自己的命運？	• 追求主導、掌控 • 對於個人與群體提供獎勵、認可和地位

（Ownership）。一般而言，假使規畫得當，在公司外開會是制定共同願景的好方法，能夠激發同事對願景的支持。（請見後面的「公司外會議規畫清單」。）

- **藉由故事和比喻來傳達願景**：故事和比喻可以讓同事了解願景的精髓，好故事的效果相當驚人，不但能展現核心價值，還可以為你希望鼓勵的行為提供榜樣。
- **反覆強調**：研究證明，不斷重複是很有效的說服方法。只要不斷重複幾個核心主題，讓同事漸漸領悟體會，願景就會在他們心中扎根。如果覺得大家已經開始了解你的想法，也不能停下，要持續強調，加深同事對願景的支持。
- **建立傳達願景的管道**：你不可能向所有人一一解釋願景，所以除了高層主管這類小群體外，你必須從遠處尋求眾人支持。因此要建立傳達願景的管道，四處散播概念。

最後，也是最重要的，你必須以身作則。假使領導團隊說一套做一套，那還不如沒有願景。所以務必言行一致。

公司外會議規畫清單

安排團隊在公司外開會前，你必須釐清這麼做的原因，也就是你希望實現什麼目標。在公司外開會至少有六大原因。

- 為了取得對業務的共識。（重點在於診斷問題）
- 為了確立願景、制定策略。（重點在於策略）
- 為了改變團隊共事的模式。（重點在於團隊做事流程）
- 為了建立或改變團隊關係。（重點在於人際關係）
- 為了擬定計畫、取得團隊支持。（重點在於規畫）
- 為了排解紛爭、居中調停。（重點在於解決爭端）

細節安排

如果確定在公司外開會對團隊有幫助，可以藉由以下問題思考安會議方式：

- 會議將於何時、何地召開？
- 討論哪些問題？依照什麼順序討論？
- 由誰來協調主持？

不要輕忽協調工作。如果你善於協調、受團隊敬重，也沒有被捲入爭端，那就可以以主管的身分主持會議；若不然，就最好從外部另請高明，例如處理特定議題的專家，或是引導團隊開會討論的專業協調者。

避開陷阱

不要想在一次會議裡處理太多議題。你不可能在一、兩天內達成前述兩個以上的目標。把重心集中在少數要務上。

另外也不能本末倒置。如果還沒有打好適當的根基，就不能確立願景、制定策略，所謂的根基，是指對業務環境（重點在於診斷問題）以及團隊關係（重點在於人際關係）達成共識。

領導團隊

評估、調整，並協助團隊朝著一致目標前進的同時，也要思考如何管理團隊每一天和每一週的工作。你要採用什麼流程影響團隊合作的方式？不同團隊對於開會、做決定、化解衝突、分配責任與任務的做法，都可能有極大差異。你也許想引入新的做事方法，但是千萬不要貿然行動。首先，你在上任前就要充分了解團隊的運作方式與行事流程的效率，這樣才能去蕪存菁。

評估團隊既有流程

如何在短時間內掌握團隊的既有流程？我們可以和團隊成員、同事、上司討論團隊的做事方法、研究會議記錄和小組報告，透過這些方式找出下列問題的答案：

- **每個人扮演的角色**：對於關鍵議題，誰最有影響力？有沒有人喜歡唱反調？誰有很多新點子？誰不喜歡不確定的感覺？什麼人發言大家聽得最專心？誰是和事佬？誰老是惹事生非？
- **團隊會議**：團隊多久開一次會？哪些人參與開會？由誰制定會議議程？
- **決策**：什麼人做什麼決策？做決定會徵詢哪些人意見？誰在決定後才被告知？

- **領導風格**：前任偏好哪一種領導風格？也就是說，他如何了解、溝通、激勵和做決策？前任的領導風格和你有什麼相似或相異之處？假使你們的風格截然不同，如何處理差異可能對團隊造成的影響？

改善團隊的做事流程

一旦了解團隊以往的運作方式，以及哪些部分做得不錯、哪些有待改善後，接下來就要運用所知，建立你認為必要的新流程，例如許多新上任的領導人認為改變團隊開會和做決策的過程很有幫助，假使你也這麼認為，就要擬定詳細、具體的方案。團隊多久開一次會？誰參加哪些會議？議程如何制定、宣布？若能建立明確、有效率的流程，就能結合團隊力量，讓眾人同心協力取得初期成效。

調整與會成員

參與重要會議的成員適不適當，很可能影響團隊做事的效率，從這件事著手，也是讓同事感受到事情即將改變的好機會。**有些公司的重要會議讓太多人參與討論和做決策，遇到這種情況，你就要縮減核心團隊的規模、簡化會議流程，讓大家看到你重視的是效率和專注**；另一些公司則是排他性太強，把可能握有重要建議和資訊的人排除在外，倘若如此，那就要選擇性地擴大參與對象，讓人們看到你不會厚此薄彼、只聽取少數人意見。

制定領導決策流程

做決策的過程是另一個可能有極大改善空間的領域。很多領導人不擅長管理團隊的決策過程，一部分是因為不同類型的決策需要不同流程，但是大多數領導人都固守一種做法，他們這麼做的原因，也許是因為習慣特定作風，也可能是認為這樣部屬才不會感到困惑。

研究證明這是錯誤的想法[38]。**關鍵在於你必須有一套分析和溝通的框架，用來解釋為何不同決策要用不同方式處理**。

思考一下你的團隊是如何制定決策。光譜的一端是單方面決定，另一端則是由全體決定。如果由領導人單方面做決定，無論是私下稍微徵詢顧問意見或者根本沒有，其中的風險就顯而易見，你可能錯失重要的資訊或見解，實際執行時也得不到太多支持。

如果是另一個極端，需要多數人一致同意，則可能眾說紛紜，很難達成共識。或者，就算做出決定，也往往是採用最低標準的妥協方案。無論如何，這種方法很難因應重大的機會

㊳範例請見艾德蒙森（A. Edmondson）、羅貝托（M. Roberto）和瓦金斯（M. Watkins）的〈高階管理團隊效能動態模式：管理鬆散的任務流程〉（A Dynamic Model of Top Management Team Effectiveness: Managing Unstructured Task Streams），《領導季刊》（*Leadership Quarterly*）第十四輯，第三號（二〇〇三年春季刊），第二九七至三二五頁。

或威脅。

介於兩個極端之間的是大部分領導人採用的決策流程：**先徵詢意見，然後做決定，接著再建立共識**。領導人向部屬徵求建議，也許是個人、集體，或者兩者皆有，不過還是保留最後的決定權，這就是先徵詢再決定的模式。這種方式是將「蒐集、分析資訊」和「評估與下結論」的流程分開，前者運用群體力量，後者就沒有。

如果是重視共識的流程，領導人無論任何決策都向團隊尋求資訊、分析和支持。目標並非取得徹底共識，而是充分的共識，意思是得到團隊「關鍵多數」（Critical Mass）的認同，而且其他人也能夠接受並且支持。

何時該選擇一種流程，而非另一種？答案絕對不是：「如果時間緊迫，就用先徵詢意見，然後做決定的方法。」因為即便使用這種方法能夠比較快做出決定，卻未必能比較快得到理想的結果。事實上，你到頭來也許得花更多時間說服別人支持決定，因為你發現部屬執行時沒那麼熱衷，可能還得向他們施壓。那些有「勢在必行」傾向的人最容易犯這種錯：一心想主導決策過程、取得結論，卻可能在過程中危及最終目標。

以下經驗法則可以幫助你釐清何時該使用哪一種決策流程：

- 如果決定可能造成極大分歧，也就是出現贏家和輸家，那最好採用先徵詢再決定的方法，再來承擔隨之而來的批評與責難。建立共識的決策方法很難取得讓所有人滿意的結果，過程中還可能讓所有人不高興。所以，假使是可能導致一部分人失望或痛苦的決策，就最好由領導人決定。

- 如果執行決策需要員工全力支持，而且你很難觀察、控制那些人的表現，就要用建立共識的決策流程。先徵詢再決定的方式能較快決定，結果卻可能不盡理想。
- 如果團隊成員缺乏經驗，那在評估與培養他們能力之前，最好採用先徵詢再決定的方法。讓經驗不足的團隊使用建立共識的決策流程，你很可能白白浪費精力，最後還是得自行決定，反而打擊團隊士氣。
- 如果必須建立威望（例如管理從前的同事），剛開始針對關鍵議題最好採用「先徵詢再決定」的方法，讓人們看到你有魄力、見識，能夠果斷決定，之後就可以稍微放鬆，較常使用建立共識的模式。

此外，做決策的方式也要視當下的STARS情境而定。如果是新創事業和徹底改造，就適合用先徵詢再決定的模式，因為問題通常出在市場、產品、科技等技術層面，而非文化和政治，而且人們很可能亟欲看到「強勢」領導，也就是偏向「先徵詢再做決定」的風格。相形之下，如果是調整重組與維持成功的情況，領導人通常接掌優秀穩健的團隊，要處理的是文化或政治方面的問題，最好採用建立共識的方法。

你有時必須壓抑自己的天性，才能根據決策性質改變做決策的方式。你可能天生偏好先徵詢再決定或建立共識的決策模式，但是偏好並非宿命，假設你喜歡先徵詢再決定，有時也要試著建立充分共識；如果你習慣建立共識，也應該適時使用先徵詢、然後做決定的模式。

若想避免造成混淆，可以直接向部屬解釋你打算採用什麼模式以及為什麼。更重要的是，必須力求公平[39]。就算有人不贊同最後決定，只要他們覺得（1）你傾聽他們的想法、仔細考量他們的利益，以及（2）提供充分理由，解釋為何如此決定，他們通常還是會支持。也就是說，不要先做了決定才尋求支持、裝模作樣地建立共識。很少人會上這種當，結果往往是冷嘲熱諷、不願配合。如果是這樣，倒不如乾脆採用「先徵詢再決定」的模式。

更深入了解每個人的利益和立場之後，我們通常可以交互使用兩種方法，像是一開始使用建立共識的模式，假使在過程中發現意見過度分歧，就改採「先徵詢再決定」的方式；或是一開始使用「先徵詢再決定」的方法，如果發現熱切執行很重要、也可能取得共識，那就轉換成「建立共識」的模式。

配合虛擬團隊調整

最後，如果部分或所有團隊成員是遠距離工作，又要如何建立團隊？在這種情況下，凝聚、維持團隊向心力比較不容易，團隊成員的表現也較難評估，尤其是一開始無法碰面的情況。雖然大部分建立團隊的原則都適用於虛擬團隊，不過也要考慮一些額外的問題：

- **及早讓團隊聚在一起**：雖然支援虛擬團隊互動的科技日新月異，然而，如果團隊必須合作，就一定要讓他們聚在一起，才能建立共識、培養情誼，並相互承諾，目標一致地向前邁進。
- **制定明確的溝通規範**：明確的溝通規範包含使用哪些溝通管道、如何運用，以及和回應相關的規定，例如急事必須在多少時間內回覆。虛擬會議的行為規範也很重要，像是打斷別人發言的頻率要低於面對面開會、表達意見必須更有效率等等。
- **指派同事負責支援團隊的任務**：虛擬團隊對於取得、分享資訊，以及追蹤同事有沒有履行承諾方面，都必須更有紀律，你可以指派同事執行支援團隊的任務（也許輪流擔任），例如做記錄和制定開會議程。
- **建立團隊互動的節奏**：在同一地點工作的團隊會自然而然形成互動的模式和習慣，像是大家在差不多時間抵達辦公室，或者邊喝咖啡邊聊天；虛擬團隊就缺少自然形成這種慣例的機會，尤其是在不同時區工作的團隊，所以你要刻意製造機會讓虛擬團隊互動，例如安排開會時間、遵循特定議程等等。

㊴ 關於讓團隊成員感受到流程公平的重要，請見金偉燦（W. Chan Kim）和芮妮．莫伯尼（Renee A. Mauborgne）的〈建立公平的流程：知識經濟下的管理〉（Fair Process: Managing in the Knowledge Economy），《哈佛商業評論》，一九九七年七、八月號，第一二七至第一三六頁。

- **別忘了慶祝勝利**：虛擬團隊的成員很容易覺得疏離，尤其大部分同事在同一地點上班，只有少數人遠距離工作的情況。雖然暫時停下腳步、表揚成就本來就很重要，但是對於虛擬團隊更是不可或缺。

協助團隊快速啟動

上任初期最重要的決策可能就是牽涉到團隊的決策；只要決策得當，你投注在評估、培養、協調、領導團隊上的精力，就能開花結果，團隊會全心全意朝著目標邁進，協助你早日創下佳績。等到團隊創造的價值超過你投入的價值、到達損益平衡點，你就知道自己打造出優異的團隊。不過這個目標並非一蹴可幾：發動引擎前，你必須先替電瓶充好電。

檢查清單：打造你的團隊

1. 你打算根據哪些標準評估部屬？評估的比重如何受專業職能、團隊合作的程度、STARS情境組合與職位重要性影響？
2. 你要如何評估團隊？
3. 哪些人事必須調整？哪些比較緊迫、哪些可以暫緩？如何擬定備案和其他選項？

4. 對於必須優先調整的人事，你打算如何著手？如何維護對方的尊嚴？你在重建團隊流程方面需要什麼協助？到哪裡尋求這些支援？
5. 如何讓團隊目標一致？你打算使用什麼推動工具（目標、獎勵方案）或拉引工具（共同願景）？
6. 你希望新團隊如何運作？團隊成員要扮演什麼角色？你需要縮減還是擴張核心團隊？你打算如何制定決策？

第 8 章

建立
站在同一邊的盟友

接任新職四個月，美德岱弗公司（MedDev）總部的官僚作風已經讓艾莉莎・貝蓮科（Alexia Belenko）吃盡苦頭，她不禁尋思：「我該去哪裡尋求支持，才能推動必要的改變？」

貝蓮科是經驗豐富的銷售與行銷專家，在美德岱弗這間跨國醫療器材公司的區域管理團隊逐步升職，並成為她的祖國：俄羅斯分公司的總經理。

高層領導人認可貝蓮科的潛力，想讓她接受更多地區的歷練，因此指派她擔任歐洲、中東與非洲地區的行銷副總裁，貝蓮科掌管這些地區分公司的行銷策略，直屬上司是美國總部的集團資深行銷副總裁馬喬利・艾倫（Marjorie Aaron），另外也要向前任上司哈洛德・傑格（Harald Jaeger），也就是非洲地區的國際副總裁匯報，該區所有分公司總經理都受他管轄。

貝蓮科像往常一樣滿懷熱情地投入工作。她仔細剖析當前情況，並和前上司與非洲地區所有總經理一對一談話，另外也專程飛到美國，和艾倫與艾倫的幾名部屬見面。

歸納這些談話並結合自身經歷後，貝蓮科發現目前最迫切的問題（也是很好的改善機會），在於公司發表新產品時，總部往往傾向集中行銷決策，分公司卻希望擁有更多決定權，雙方關係因此緊繃。貝蓮科整理出一份提案，概述她的評估與建議，認為某些類型的決策應該更標準化，例如攸關整體品牌形象與定位的決策，其他像是調整廣告宣傳計畫這類決定，則要給予分公司總經理更多彈性。

艾倫和傑格雖然認為貝蓮科的提案不錯，卻都不願意正式表態。他們建議她向其他重要相關人士做簡報，也就是美德岱弗在美國的行銷高層與非洲地區的總經理。

經過六週、開了很多場不知所云的會議，貝蓮科覺得自己彷彿陷入流沙之中。她安排與總部的高階行銷主管開會，包括艾倫的部屬、負責掌管全球品牌形象的大衛・華勒斯（David Wallace），隨後並飛到美國，向超過三十人的團體做簡報。幾乎每個人都提出建議，而所有建議都指向更為集中的控制，而非分散給分公司。

她和非洲地區分公司總經理的視訊會議也好不到哪去，這些人以前都和她平起平坐，同樣受傑格管轄。他們聽到貝蓮科提出給予分公司更大彈性的建議，都十分開心，不過一提到更多限制，就馬上異口同聲地反對。向來受眾人敬重的分公司總經理羅夫・艾克里德（Rolf Eiklid）擔心他們得到的彈性無法彌補失去的自主權，更何況總公司可能不願履行協議，他說：「他們以前也說要給我們更大彈性，但是最後都沒有兌現。」

平時沉著冷靜的貝蓮科被形勢的變化打亂陣腳。她不知道自己有沒有足夠的耐心和手腕，駕馭這個新角色必須面對的複雜形勢。

接任新職時，除了直屬部屬，你也必須得到其他人的支持。你一開始可能沒什麼人脈，尤其是加入新組織的情況，所以要花心思建立新的人際網路，而且越早開始越好。**務必花時間建立「人脈存摺」，與你日後可能共事的對象打好關係，並仔細思考是不是還有你沒見過、可能影響工作成效的人。**

此外，接任新職後，運用影響力的方式也可能和過去截然不同。貝蓮科習慣運用職位的權威，有一組向她報告的團隊，**她沒有早一點發現自己必須藉由其他方式影響別人，也就是說服和建立盟友。**

即使新職位賦予你很大權力，也要花心思建立支援網路，意思是分辨你必須影響哪些人，以及找出誰可能支持、誰會反對，並說服「中間選民」，才能達成初期成效。這方面的規畫是九十天計畫中不可或缺的環節。

確認必須影響的對象

第一步是想清楚你為什麼需要支持。首先是思考為了取得初期成效，你必須建立哪些支援網路？有哪些計畫必須得到不受你管轄的人的支持？釐清目標後，就可以進一步找出哪些人的支持至關重要，以及如何取得。你可以針對每一項初期成效的目標擬訂一份建立盟友的計畫。

貝蓮科的主要目標是對於非洲地區的重要行銷決策制定方式，與新舊上司和他們各自的團隊達成協議，也是所謂的「大妥協」（譯注：Grand Bargain，由不同利益團體透過協商和退讓，達成雙方都能接受的結果）。現況反映出兩邊長久以來的妥協，雖然雙方對這樣的平衡未必滿意，不過還算穩定。從表面上來看，任何改變的提案都必然有一方贏、一方輸。總部的行銷團隊想當然地追求更集中、標準化的做法，非洲地區的分公司總經理則希望能由他們做主。意思是協議必須包含雙方都支持的利益交換。

想達成這樣的協議，貝蓮科必須兩邊都有盟友。她不太可能徵得每一個人同意，因為必然有人想維護既得利益。所以她必須著重於取得總部和分公司關鍵多數的支持。

如果貝蓮科一開始就意識到這點，也許會把重心放在不同地方，除了診斷問題、提出合理的解決方案，她也會試著了解自己想推動的目標如何融入大西洋兩邊的政治版圖。她不會假設只要讓眾人發現自己的提案很有道理，就一定會支持，也不會試圖贏得所有利益相關者的支持。

相反的，她應該先找出自己必須建立哪些盟友，然後了解如何在組織裡發揮必要的影響力。繪製影響力版圖的過程也有助於辨識潛在的障礙：什麼事或什麼人可能妨礙她取得支持？如何讓反對者改變心意，贊同她的做法？

了解影響力版圖

釐清自己為何必須發揮影響力之後，下一步就是找出最能協助你達成目標的人。誰是關鍵決策者？你需要他們在什麼時候做什麼事？表8-1「辨識有影響力的人物」提供簡單的工具，幫助你整理這些資訊。每一項初期成效的計畫都可以製作一張表格。

表 8-1　辨識有影響力的人物

找出關鍵人物、需要他們做些什麼，以及什麼時候需要開始制定影響力版圖。

誰	做什麼	什麼時候

致勝同盟與阻礙同盟

接下來，你要針對每一項初期成效計畫，思考哪些決策者對於推動計畫不可或缺，這些人就是你的「致勝同盟」，也就是能夠協力支持你取得目標的人[40]。例如貝蓮科必須從總部那裡得到艾倫首肯，並從非洲地區那邊取得傑格的支持。他們就是貝蓮科必須建立的致勝同盟。

另外也要仔細思考潛在的「阻礙同盟」，也就是可能合力否決你的人。誰可能結合在一起，阻止你推動目標？為什麼？他們可能怎麼做？如果知道反對力量來自何處，就能想辦法化解。

繪製影響力網路

高層主管做決定時，往往會仰賴他們倚重的智囊團。所以下一步是要繪製影響力網路，找出對於你關心的議題，誰受誰影響。影響力網路很可能決定能不能推動改變。職位的權威絕對不是唯一的權力來源，遇到重大議題和決策的時候，我們時常聽從別人意見，就像艾倫或許會接受華勒斯的評估，認為增加區域決策權可能影響品牌形象；同樣的，傑格可能採納艾克里德的想法，因為他受人敬重，也能代表其他同事的意見。

影響力網路是溝通和說服的管道，與正式的組織結構同時運作，有點像是「影子組織」（Shadow Organization）[41]。這些非正式的管道有時會支持正式結構所推行的事務，有時也可能暗中破壞。為了達成目標，貝蓮科必須繪製出總公司行銷部門與她非洲地區老同事的影響力網路。

如何繪製影響力網路？和同事共事一陣子、進一步了解組織之後，你多少能看出其中脈絡，不過也可以縮短摸索的時間，其中一個好方法是找出團隊與其他群體的關鍵交會點，例如公司員工、顧客和供應商，那些都是可能自然形成同盟的地方。

---

[40] 這個術語是由大衛．賴克斯（David Lax）和吉姆．塞伯涅斯（Jim Sebenius）創造，請見佩頓．楊恩（H. Peyton Young）編輯的《談判分析》（*Negotiation Analysis*）中的〈同心協力的思維〉（Thinking Coalitionally），安亞伯市（Ann Arbor），密西根大學出版社（University of Michigan Press），一九九一年出版。

[41] 請見克拉克哈特（D. Krackhardt）和韓森（J. R. Hanson）的〈非正式網路：圖表背後的公司〉（Informal Networks: The Company Behind the Chart），《哈佛商業評論》，一九九三年七、八月號。

另一個策略是請上司幫你介紹主要的利害關係人。請上司列出除了團隊之外，他認為你應該認識的重要人物，然後及早和那些人碰面。（本著第四章「轉職過渡期黃金法則」的精神，你也應該主動為剛上任的部屬做同樣的事，幫他們列出重要關係人名單，並協助他們聯絡）。

另外，在開會或其他場合，也要仔細觀察遇到重大議題時，誰會聽從誰的意見。留意人們向誰求教、誰散播什麼資訊和消息；針對特定話題，誰採納誰的想法？若有人提出問題，同事的眼神望向何處？

取得更多資訊後，就要試著找出特定人士在組織裡的影響力來源，像是：

- 專業知識
- 對訊息的掌控
- 人際關係
- 能夠取得資源，例如預算和獎勵
- 個人的忠誠

影響力模式會隨著時間越來越明顯，你也可以藉此分辨出重要人物，找出因為擁有非正式權威、專業知識或個人魅力，能夠左右眾人想法的意見領袖。只要說服他們，就能讓更多人接受你的想法。

你也會慢慢發現「權力聯盟」，也就是為了追求特定目標或維護某種特權，在檯面上或檯面下長期合作的一群人。如果弄清楚他們的盤算，將之連結到你的目標，可能是很有力的支援網路。不過要提防自己的目標被稀釋，或是捲入可能對你不利的政治陰謀。

繪製影響力圖表

你可以繪製影響力圖表，歸納到目前為止討論的影響力模式，圖8-1「貝蓮科的影響力圖表」是貝蓮科的例子。圓的中心代表關鍵決策者，也就是負責總公司行銷的艾倫和掌管非洲地區的傑格。貝蓮科提出的改變方案必須徵得這兩人同意，才能組成致勝同盟。然後，如圖中箭頭所示，這兩名高層主管會受各自的團隊成員影響（箭頭越粗，代表影響程度越大）。艾倫深受掌管全球品牌形象的華勒斯以及策略副總裁提姆．馬蕭（Tim Marshall）影響；傑格則是受他管轄的分公司總經理影響，不過北歐的資深區域總經理艾克里德，不但能左右傑格的觀點，也會影響其他分公司總經理。圖表顯示貝蓮科本人也對傑格有不小影響力，並且能稍微影響艾倫的看法。

找出支持者、反對者和可能說服的人

製作影響力圖表的過程也有助於確認潛在的支持者、反對者和可能說服的人，你可以從

圖 8-1　貝蓮科的影響力圖表

此圖表顯示決定貝蓮科推動的方案能否受到採納。

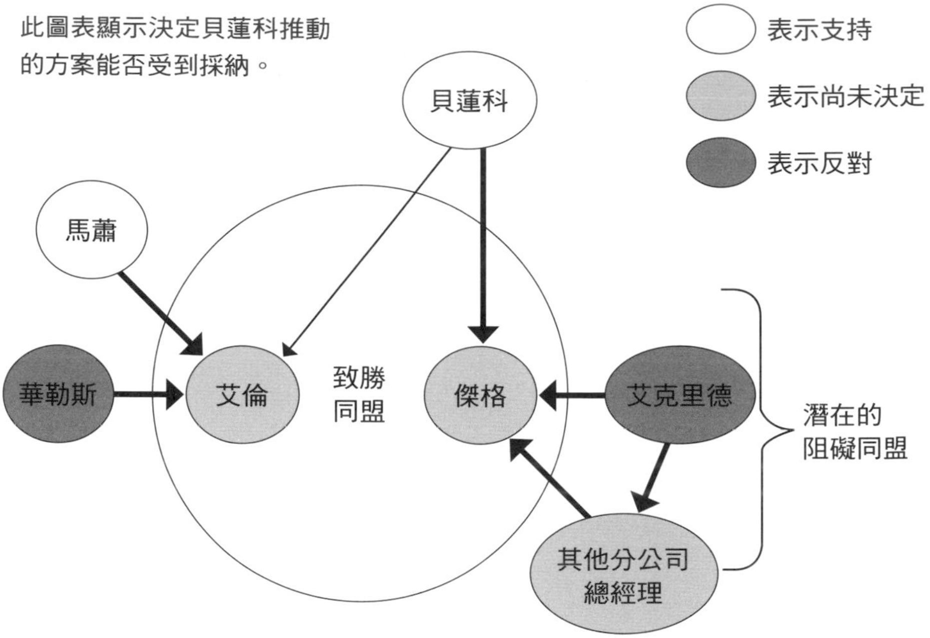

下列人士當中找出潛在的支持者：

- 對未來和你想法一致的人。如果發現有必要改變，請前去尋找過去曾經推動類似變革的人。
- 一直在默默推動小規模改變的人，例如發現創新方式，能夠大幅度減少廠房廢棄物的工程師。
- 剛加入公司，尚未對營運模式習以為常的人。

無論別人為什麼挺你，都不要把他們的支持視為理所當然。光是找出支持者絕對不夠，你還要鞏固、培養他們的支持，所以即使對方和你抱持相同觀點，還是必須繼續宣揚，你也要提供他們能說服別人的論點，幫助你影響更多人，發揮借力使力的效用。

尋求支持之際，也要找出因一時利益而結交的盟友（Alliances of Convenience），也就是你們在很多方面想法不同，不過對於特定的議題想法一致。如果是這樣，就要好好思考如何爭取他們協助。

再來就是反對者。真正與你對立的人無論你做什麼都會反對，他們也許不贊同你對現狀的評估，也可能基於以下原因抵制你的計畫：

- **安於現狀**：他們不願接受可能破壞自己地位或影響既有關係的變化。
- **擔心自己能力不足**：他們擔心自己無法適應你提出的改變，表現不佳，因此顯得無能或自慚形穢。
- **核心價值遭受威脅**：他們認為你提倡的文化摒棄傳統價值，或是可能鼓勵不當行為。
- **權力遭受威脅**：他們擔心你提出的改變（例如將交付一線主管更多決定權）會剝奪他們的權力。
- **對他們的盟友不利**：他們擔心你的計畫會對他們關心或必須關照的人造成負面影響。

不過此處務必謹慎，不要輕易假設別人與你作對。遇到抗拒、在替對方貼上「固執反對」的標籤之前，請先探究背後的原因。了解反對的動機，或許有助於反駁對方的論點，例如你也許能協助他們培養新技能、消弭無法勝任的恐懼。

另外也要記得，贏得反對者的支持很有象徵意義。「化敵為友」的故事可以打動人心（另一個例子是救贖的故事，比如協助原本不受重視或效率不彰的同事證明自己的能力）。

另外也有些人平時和你交情不錯，對許多議題想法一致，卻對這件事抱持不同看法。這是另一種較為特殊的反對，此處的關鍵是推動目標之餘，也要設法維護既有關係。你可以向他們解釋你在做什麼以及必須這麼做的原因，主動解決問題，或者想辦法彌補對方的損失，像是找出其他事情幫助他們，或在下次還他們人情。

最後別忘了可能說服的人，這些人也許對你的計畫漠不關心、拿不定主意，或是不願表態，但是只要能找出影響他們的方法，他們就可能支持你。一旦確認那些人是誰，就要設法找出對方不表態的原因，可能是：

- **漠不關心**：你也許能支持他們的計畫，換取他們支持你的目標。
- **拿不定主意**：找出其中原因，想辦法讓他們了解、說服他們。
- **牆頭草，等著看風向**：你必須讓他們相信情勢對你有利，這樣他們就會見風轉舵。

評估支持者和反對者的時候，可以用如圖8-1的「影響力圖表」來歸納。深色圓圈代表反對人士，透明圓圈代表支持，淺灰色則代表尚未決定（你也可以用綠、黃、紅來標示）。在貝蓮科的情況，總公司的馬蕭支持她，華勒斯反對；在非洲地區那邊，艾克里德沒那麼贊同貝蓮科提出的改變方案。如同先前所提過的，她必須在兩邊都取得關鍵多數的支持，才能達成目標。

了解關鍵人士的想法

分析組織影響力網路、確認相關人士與盟友、辨識出支持者和反對者之後，接下來就是把重心放在你必須影響的關鍵人物上。在貝蓮科的例子，關鍵人物是華勒斯和艾克里德。

首先要評估他們的內在動機。人類做事會受到各種因素驅動，例如追求認可、掌控、權力、與同事保持友好關係或是個人成長[42]。每個人心目中，這些因素的重要程度可能有很大差異，所以要花時間思考關鍵人士做事的動機。如果可以直接和對方交談，就要發問，然後用心聆聽。尤其要試著理解反對者反對什麼、為何反對，例如艾克里德為什麼那樣想。根據他們的做事動機，思考他們想避免失去什麼？你能不能提供其他東西做為補償？

㊷ 參考大衛．麥克利蘭（David McClelland）影響深遠的研究，《人類動機》（*Human Motivation*），劍橋大學出版社（Cambridge University Press），一九八八年出版。

理解動機只是其中一部分，你也要評估「情境壓力」（Situational Pressures），也就是環境形成的推力和約束力。推力會把人們朝著你希望的方向推，約束力則是他們礙於情勢反對的原因。**許多社會心理學研究顯示，我們判斷別人做事的原因，往往高估個性、低估情境壓力的影響**㊸。艾克里德之所以反對，可能是因為天生缺乏彈性以及想維護個人的權力和地位，不過也可能反映出情境壓力，例如他的業務目標、績效獎勵以及同事的看法。所以要花時間思考你希望影響的人受什麼力量驅動，然後設法增加推力、移除部分約束力。

最後，想一想關鍵人士如何看待替代方案或選項。他們認為自己有哪些選項？此處的重點在於評估艾克里德這類反對者是否認為公然或暗中抵制有助於維持現狀。如果是的話，就必須讓他們相信維持現狀不再是可行的選項，**一旦人們覺得改變勢所必然，通常就會從反對到底轉變為相互較量變成什麼模樣**。貝蓮科能否讓關鍵人士認為現狀不可能維持、非得改變不可？

擔心不履行協議也屬於這個類別。假使認為對方可能食言，那還不如維持現狀、不要冒險。這似乎是艾克里德的擔憂，他認為總公司不會履行給予分公司總經理更大彈性的承諾。如果這樣的擔憂阻礙進展，那就看看有沒有辦法提升信心，例如提議分階段引入改變，每一步都連結到之前的成果。

表8-2「分析動機、推力與約束力、替代方案」提供簡單的工具，協助你分析關於動機、推力與約束力的資訊，以及關鍵人士對替代方案的看法。

擬定影響策略

進一步了解必須影響的人之後，你可以思考如何運用傳統的影響技巧，包括諮商（Consultation）、引導（Framing）、形塑選項（Choice-Shaping）、社會影響力（Social Influence）、漸進影響（Incrementalism）、優先排序（Sequencing）和需要立即採取行動的事件（Action-forcing Events）。

「諮商」的目的是讓對方接受、支持，這要靠用心聆聽才能做到。你可以先提問，鼓勵對方說出真正的擔憂，接著總結你聽到的內容，並提出反饋。這麼做顯示出你的確專心在聽，也認真對待你們的談話。很多人低估用心聆聽的效用，運用這個技巧，不但能促使他人接受困難的決策，也能引導對方的想法、為選項布局。**領導人發問與做結論的方式，會大大影響聽者的觀感。用心聆聽與引導是很有力的說服技巧**。

「引導」代表針對每一個人制定說服的論點，花時間思考合適的說法絕對值得。事實

㊸ 請見羅斯（L. Ross）和尼斯貝特（R. Nisbett）的《人與情境：從社會心理學的角度檢視》（*The Person and the Situation: Perspectives of Social Psychology*）第二版，倫敦，品特與馬丁出版社（Pinter & Martin），二〇一一年出版。

表 8-2　分析動機、推力與約束力、替代方案

運用這個表格評估關鍵人士做事的動機、他們面對哪些推力和約束力，以及他們如何看待自己的替代方案（認為自己有哪些選擇）。

關鍵人士	動機	推力與約束力	替代方案

上，假使貝蓮科無法找出令人信服的論點解釋改變的好處，並傳達出去，其他一切都不重要了。你要用恰當的語氣傳遞訊息，配合能引發關鍵人士共鳴的動機與情境壓力，影響他們對替代方案的看法。

以貝蓮科為例，她應該思考如何讓艾克里德從反對至少變成保持中立，甚至最理想的：轉而支持。貝蓮科有沒有辦法排除他的顧慮？若能保證實行，有沒有他可能感興趣的利益？能否協助他推動他重視的計畫，用來換取支持？

設計論點時，別忘了亞里斯多德（Aristotle）提出的修辭學三大要素：人格（Ethos）、情感（Pathos）、邏輯（Logos）[44]。邏輯是運用數據、事實、依據，做出合理的論證，支持你的改變提案；人格是決策過程必須依循的原則（例如公平、公正）與價值觀（例

如團隊合作的文化）；情感則是與聽者建立強烈的情緒連結，例如提出鼓舞人心的願景，讓對方知道大家一起努力可以實現什麼成果。

有效的引導必須聚焦於少數核心主題，並且不斷重複，直到對方完全接受。如果聽到對方無意中說出類似的話，那就代表你成功了。

聚焦與重複很管用，因為學習要靠不斷重複。一首歌聽了三、四次之後，就會在腦海中揮之不去。不過，我們也可能因為聽太多遍而感到厭煩，同理可證，反覆使用相同的字句強調論點，可能造成反效果。所以你要再三闡述核心主題，但又不能像鸚鵡一樣，這就是有效溝通的藝術。

另外，設計論點時，也要思考如何替對方打預防針，讓他們不那麼容易被反對者說服。你可以提出反對者可能的說法，一一辯駁，等到他們聽到進階版的論點時，已經有了抗體，就比較不會受影響。

你可以運用表8-3「設計論點」的簡要清單來設計論點。

「形塑選項」是指影響別人如何看待替代方案。仔細思考你如何讓對方難以拒絕，有時

㊹ 亞里士多德（Aristotle），《修辭學》（*The Art of Rhetoric*），勞森-坦克德（H. Lawson-Tancred）翻譯，紐約，企鵝經典出版社（Penguin Classics），一九九二年出版。

表 8-3　設計論點

使用以下的分類和問題來確認說服他人的論點類型。

邏輯 數據與理性論證	• 哪些數據或分析可能說服對方？ • 哪些邏輯能吸引他們？ • 對方是否受偏見影響？倘若如此，你如何證明這點？
人格 原則、政策和其他「規矩」	• 有沒有必須遵循的原則或政策？ • 如果要求別人違背某項原則或政策，你能否幫助他們找出合理的原因？
情感 情緒和意義	• 有沒有什麼說法，能夠觸動對方情緒，例如忠誠度或對社會的貢獻？ • 你能否幫助對方找出支持或反對某件事的意義？ • 如果對方的反應太情緒化，你能否協助他們後退一步，從不同角度看事情？

最好把選項說得比較廣泛，有時則是最好縮小範圍。假使你要求別人支持似乎是設下負面先例的提案，也許可以將之描述為例外狀況，與其他決策無關；其他時候也許要融入較為廣泛的議題。

說服別人接受必然有一方贏、一方輸的提案尤其困難。擴大牽涉在內的議題或選項，也許能把餅做大，讓雙方受益。此外，如果出現負面議題，進展可能停滯。遇到這種情況，也許要暫時擱置這些議題，留待未來解決，或是先行承諾，減緩對方的焦慮。

「社會影響力」是指人們會被其他人的觀點或社會規範

影響。如果得知某位德高望重的人支持一項提案，人們也會改變自己對提案的觀感。所以說服意見領袖表態支持、請他們動員自己的網路，必能收到事半功倍之效。此外，根據研究顯示，一般人行事通常會依循下列原則：

- **符合自己堅守的價值觀與信念**：主要的參考團體（Reference Group），也就是對一個人的價值觀、態度與行為有間接或直接影響的團體，通常會遵循相同的價值觀。如果被要求做不符合價值觀或信念的事，內心會覺得衝突。
- **符合先前的承諾與決定**：言而無信可能遭受社會制裁，反覆不一代表不可靠。我們不喜歡違背自己的承諾，也不願設下不好的先例、限縮未來的選項。
- **還人情**：互惠是十分強大的社會規範，如果曾經接受幫助，就比較難拒絕對方要求。
- **維護名聲**：做決定時，會希望藉此維護或提升自己的聲譽，也會避免可能危害名聲的決定。

意思是，你應該盡量避免要求別人做出可能違背他們的價值觀與承諾、損害地位與名譽，或是導致有聲望的人不認同他們的決定。如果你的提案不符合某些人的承諾，而你又必須得到對方支持，那就要想辦法幫助他們名正言順地脫身。

「漸進影響」則代表人們假使不願一次到位，可以協助他們往預定的方向一步步前進。這個方法很管用，制定從A到B的路線，每跨出一小步，都能做為決定要不要走下一步的參照點，例如貝蓮科與同事會面時，可以先探詢他們對集權與分權的看法；過一陣子，團隊可能分析了所有相關議題；最後，在眾人仔細檢視主要的顧慮後，就能討論解決方案必須包含哪些基本原則。

邀請同事共同診斷組織問題，也是漸進的一種形式，既然參與診斷，他們就很難否認改變的必要。一旦對問題有了共識，你就可以引導他們找出解決方案、決定如何估評選項。這樣的流程走過一遍，人們通常會接受原本不願接受的結果。

由於漸進的效果十分強大，所以務必在情勢朝著錯誤方向發展前插手干預。決策的過程就像河流，重大決策吸納一開始的支流，包括確認問題、找出替代方案，以及建立評估成本與收益的標準。問題與選項確定時，最終的選擇可能已成為定局。所以要記住，一開始塑造流程的方式會對最終的結果產生極大影響。

「優先排序」是指影響他人、營造聲勢時，必須從策略角度思考先後順序㊺。如果一開始接觸的人對了，就能啟動結交盟友的良性循環。爭取到有聲望的盟友，你就更容易招募其他人，支援網路會日益壯大。支持的人越多，你的目標就越可能達成，進而獲得更多人支持。例如根據美德岱弗公司的影響力網路，貝蓮科必須先和策略副總裁馬蕭會面，只要得到他的支持，就能提供他更多資訊，讓他去說服艾倫。

貝蓮科應該在考量先後順序之後，安排一系列一對一會面與團體會議，替改變營造聲勢。此處的重點在於找出其中的平衡：一對一會面有助於掌握情勢，包括了解對方立場、提供新資訊或額外資訊影響對方的觀點，或者私下協商；不過如果議題事關重大，與會者可能不太願意讓步或表態，除非和別人面對面坐在一起，此時團體會議就比較有用。

「需要立即採取行動的事件」是設法督促別人，讓他們不再延後決定、耽擱或逃避投入珍貴資源的承諾。如果目標需要眾人配合才能達成，只要一個人延誤，就可能導致小水流匯聚成大瀑布的「瀑布效應」，讓別人有了不行動的藉口。因此你必須排除這種「靜觀其變」的選項。

你可以安排強迫他人採取行動或承諾的活動，開檢討會、視訊會議，以及設定期限，都能夠營造和維持動力。定期開會、檢視進展，只要有人沒有達成預定目標，就要追根究底的詢問，藉此增加貫徹執行的壓力。

㊺請見詹姆斯．塞伯涅斯（James Sebenius）的〈結盟的順序：我應該先和誰交談？〉（Sequencing to Build Coalitions: With Whom Should I Talk First?），收錄在理察．札克豪澤（Richard J. Zeckhauser）、勞夫．基尼（Ralph L. Keeney）和詹姆斯．塞伯涅斯編輯的《明智的抉擇：決策、競賽與協商》（*Wise Choices: Decisions, Games, and Negotiations*），波士頓，哈佛商學院出版社，一九九六年出版。

結論

結交盟友時，你要先釐清自己需要哪些人支持、辨識誰受誰影響，並找出可能的支持者和反對者，接著就可以找出關鍵人物、了解他們做事的動機、有哪些情境壓力，以及對於替代方案的看法，最後就可以擬定適當策略，建立致勝同盟。

檢查清單：建立站在同一邊的盟友

1. 為了推動目標，你必須在組織內外結交哪些重要的盟友？
2. 關鍵人物追求什麼目標？其中哪些與你的目標一致？哪些互相衝突？
3. 你有沒有機會和各方人物建立長久的聯盟？什麼時候可以運用短期協議達成特定目標？
4. 組織裡誰影響什麼人？遇到重大議題，誰聽從誰的意見？
5. 誰可能支持你的計畫？誰可能反對？哪些人可以說服？
6. 關鍵人物的做事動機為何？他們承受哪些情境壓力？他們如何看待替代方案？
7. 有效的影響策略包含哪些元素？你如何設計引導他人的論點？漸進、優先排序或需要立即採取行動的事件等影響技巧對你有沒有幫助？

第 9 章

做好自我管理

史蒂芬・艾瑞克森（Stephen Erikson）在一間頗具規模的媒體公司紐約辦公室工作六年，因表現優異，獲得升職，擔任加拿大分公司的高層主管。他認為從紐約搬到多倫多應該輕而易舉，畢竟加拿大人和美國人之間沒有太大差別，多倫多也是安全的城市，並以高品質的餐廳和文化活動聞名遐邇。

艾瑞克森立刻走馬上任，在多倫多市區找了一間短期的月租公寓，像往常一樣活力十足地投入工作。他的妻子艾琳（Irene）是幹練的自由接案室內設計師，負責出售紐約的公寓，並為他們的孩子十二歲的凱瑟琳（Katherine）和九歲的伊莉莎白（Elizabeth）做好學期中轉學的準備。艾瑞克森和艾琳曾經討論要不要等四個月，學期結束後再轉學，不過兩人都認為那樣一家人就得相隔兩地太久。

艾瑞克森一開始就隱約感受到新工作沒那麼順利、做起事來總是窒礙難行。他是土生土長的紐約人，工作時習慣直言不諱，他發現新同事過度禮貌、和善，已經到了惱人的地步。艾瑞克森向艾琳抱怨同事不願正面討論棘手議題，他也無法像在紐約那樣，找到能夠仰賴的人把事情做好。

艾瑞克森赴任四星期後，艾琳到多倫多和他相聚，她一邊找房子和學校、一邊探尋接案設計的機會。艾瑞克森因為工作的挫折焦躁易怒，艾琳則是由於找不到合意學校，心中的不滿與日俱增。孩子原本開心地在紐約一所頂尖私立學校念書，根本不想搬家，艾琳也覺得很煩惱。她只能暫時安撫她們，說了很多關於搬到新國家的冒險故事，並答應為她們找到很棒的學校。她萬般氣餒，告訴艾瑞克森應該讓孩子留在原校唸到學年結束，他也同意了。

艾瑞克森在多倫多和紐約兩地奔波，艾琳則是隻身照顧孩子，又得兼顧工作，壓力實在不小，各種問題都影響到他們的生活。雖然艾琳找了幾個週末造訪多倫多，也持續找尋好學校，但是她顯然沒那麼想搬家了。一家人週末相處經常情緒緊繃，孩子看到艾瑞克森很開心，但是一想到搬家又不高興。艾瑞克森週一回到辦公室，時常疲憊不堪、無法專注，因此更難獲得同事和團隊支持、與他們建立關係。他知道表現不好，這又令他壓力倍增。

最後他決定強行解決問題。透過公司的關係，他找到一間好學校與可能適合的住所。不過他催促艾琳賣掉公寓時，卻引發兩人結婚以來最嚴重的爭執。艾瑞克森發現自己的婚姻關係岌岌可危，決定告訴公司他不是得回紐約，就是必須辭職。

領導人的生活必須隨時尋求平衡，接任新職的時候更是如此。不確定的感覺可能使你亂了方寸。你不知道有哪些未知數，也還沒建立支援網路。如果像艾瑞克森那樣必須搬家，個人生活也得經歷一番變化，假使你有家人，他們同樣要調適。混亂之餘，同事還期望你快速適應，在組織裡推動正面的改變。因此，自我管理也是轉職期間的一大挑戰。

評估狀況

你可以花幾分鐘檢視以下「條列式反思指南」，想一想自己接任新職的狀況。

條列式反思指南

到目前為止你有什麼感覺？

你是否感到：

- 興奮？如果沒有，為什麼？你可以做些什麼？
- 信心滿滿？如果沒有，為什麼？你可以做些什麼？
- 能夠掌控自己的工作成效？如果不能，為什麼？你可以做些什麼？

到目前為止，你為了什麼事感到困擾？

- 你無法和哪些人建立關係？為什麼？
- 你參加過的會議中，哪一場最令你擔憂？為什麼？
- 你看到或聽到的事件中，哪一件事最令你感到不安？為什麼？

哪些事進行順利、哪些事不太順利？

- 如果可以的話，你會用不同方式處理和哪些人的互動？哪些互動超乎預期？為什麼？

- 哪些決策效果很好？哪些沒那麼好？為什麼？
- 你最後悔錯失哪些機會？主要是你的問題，還是由於你無法掌控的因素？

現在把重心放在你所面臨最大的挑戰或難題。要對自己誠實：你的難題是情勢造成，還是源自你自己？即便經驗豐富、本領高強的領導人也可能把問題歸咎於情勢，而非自己的所作所為，結果就是沒能主動解決問題。

現在後退一步，想想看，如果事情的發展不如你所願，原因出在哪裡？是不是因為接任新職後，情緒必然經歷高低起伏？接受新挑戰的興奮漸漸消失、問題開始浮現，一開始的熱情也隨之減少。接任新職的三到六個月後陷入低潮很常見。好消息是，只要好好運用九十天計畫，你絕對能走出谷底。

不過，問題也可能來自於你的缺點，因為轉職過渡期往往會放大個人缺失，導致你脫離正軌。請檢視下列有問題的行為，思考自己有沒有這些症狀（如果安全的話，也可以請教願意提供你真實建議、對你很了解的人）。

- **沒有設定界限：**如果沒有設下明確界線，讓別人知道你願意做或不願意做什麼，你身邊的人，包括上司、同事、直屬部屬，就會對你予取予求。你給的越多，他們就越不尊重你，甚至要求更多，這又是另一種惡性循環。最後你會因旁人需索無度而感到憤怒，但是怨不得別人，只能怪自己。沒有設好界限，就不能指望旁人幫你這麼做。

- **玻璃心**：轉職過渡期必然要面對許多不確定，遇到這種情況你可能格外不知變通、防衛心也比平常重，尤其是一上任就必須掌控大局的領導人。結果是對錯誤的做法過度投入。你貿然決定，又因擔心有損顏面而不願放棄，結果騎虎難下，而且拖得越久，你就越難承認自己犯錯，後果也越嚴重。此外，你可能認為唯有採用你的方法才能實現目標，你固執己見，導致其他有好點子的人無法施展。
- **孤立**：為了取得成效，你必須和能夠推動工作的人建立關係、接觸檯面下流通的訊息。新領導人很容易在不知不覺中變得孤立。這是因為你沒有花時間建立適當的人脈，或者過度依賴少數人或官方消息。你也可能在無意中阻礙別人和你分享重要資訊，也許是因為擔心你對壞消息的反應，或者認為你已經忙得不可開交。無論原因為何，都可能使你在訊息不充分的情況下做決定，導致你的聲譽受損，變得更孤立。
- **工作逃避**：接任新職後，無論問題多難解決，你都必須對事情做出結論。也許是得根據不完整的資訊，制定攸關業務方向的關鍵決策，或者你的決定可能對員工生活產生重大影響。無論是有意或無心，你都可能藉故埋首其他工作來拖延決策，或是欺騙自己時機尚未成熟。結果就是領導力專家所謂的「工作逃避」（Work Avoidance），意思是避重就輕，導致棘手的問題變得更嚴重[46]。

以上症狀都可能帶來極大壓力，影響到你的表現。並非所有壓力都不好，事實上，如圖9-1所示，壓力和績效有一定的關聯，也就是所謂的葉杜二氏曲線（Yerkes-Dodson Curve）。[47]**無論是來自內在或外部，我們都需要一定程度的壓力（通常來自於正面獎勵或是不行動的後果），才能做出一番成績**。沒有壓力，我們可能成天躺在床上吃巧克力。

開始感受到壓力，你的績效會改善，至少最初是如此，接著是到達臨界點（每個人到達的時間不一樣），此時更多要求會導致表現下滑，也許是工作太多、令你分身乏術，或是情緒無法負擔。這又會引發更多壓力，一旦壓力超過頂點，績效會進一步降低，形成惡性循環。有些人是筋疲力竭、油盡燈枯，不過這樣的情況並不常見，比較常見的是長期表現不

㊻ 請見羅納德．海菲茲的（Ronald Heifetz）《領導大不易》（*Leadership Without Easy Answers*），麻州劍橋，貝克納出版社（Belknap Press），一九九四年，第二百五十二頁。

㊼ 這原本是為焦慮開發的模式。請見葉克斯（R. M. Yerkes）和杜德森（J. D. Dodson）的〈刺激強度與習慣快速形成的關係〉（The Relation of Strength of Stimulus to Rapidity of Habit Formation），發表在一九〇八年《比較神經學與心理學期刊》（*Journal of Comparative Neurology and Psychology*），第十八期，第四五九至四八二頁；當然，這個模式有其侷限，最大的用處就是拿來作比喻。關於其侷限的討論，請見〈人類函數曲線有沒有用？〉（），www.trance.dircon.co.uk/curve.html.

圖 9-1　葉杜二氏曲線

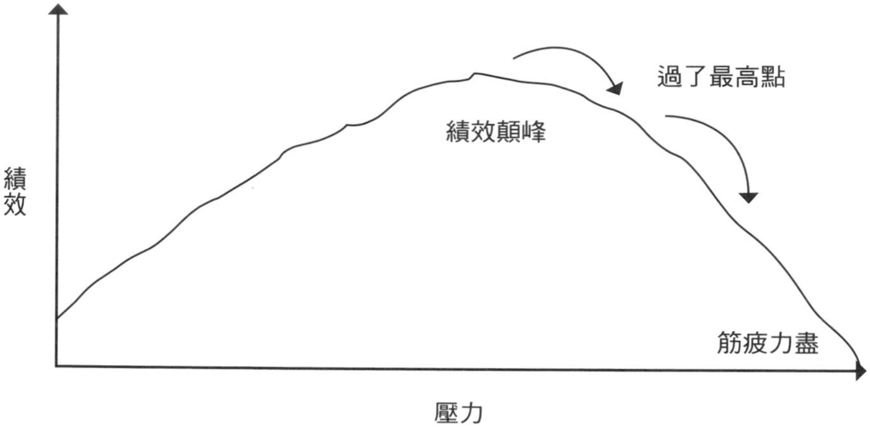

佳、事倍功半，就像艾瑞克森那樣。

了解自我管理的三大支柱

如果有這些弱點，你該怎麼做？你必須嚴格要求自己執行以三大支柱為基礎的自我管理計畫。第一根支柱是採用前八章提出的策略；第二根支柱是建立個人紀律，並徹底執行；第三根支柱是組成工作與家庭的支援系統，幫助你保持平衡。

第一根支柱：採用九十天策略

你可以運用前八章討論的策略，了解如何做準備、學習、找出優先要務、制訂計畫，並藉由行動創造前進的動力。假使這些策略發揮作用，協助你取得初期成效，你就會更有自信、精神百倍。在適應新職期間，你可以根據後面的表9-1歸納的「評估主要挑戰」來思考自己面臨哪些問題，並找出你希望複習的章節。

第二根支柱：培養個人紀律

知道自己該做什麼不等於真正會去做。**一個人的成敗取決於日常選擇的累積，不是促使你朝著正確方向前進，就是將你推入深淵**。這就是第二根支柱涵蓋的範圍：個人紀律。

個人紀律是每天強迫自己遵循的常規和慣例。哪些紀律對你來說最重要？這取決於你的優點和缺點。你也許洞悉自己的優缺點，不過最好還是請教能夠信任、了解你的人。有時從別人的角度看事情很有幫助。在他們眼中，你有什麼長處？更重要的，你可能有哪些弱點？

請運用以下列表，思考自己必須培養哪些常規。

做計畫的計畫：你有沒有每天或每週排出時間，執行「計畫—做事—評估」的循環？如果沒有，或是沒有定期這麼做，就要改善這方面的紀律。每一天工作結束時，請花十分鐘評估自己有沒有朝著目標前進，然後計畫隔天的工作。每週結束時，也同樣這麼做。只要養成習慣，即使進度稍微落後，也不至於太失控。

集中精力處理要務：你有沒有每天花時間處理最重要的工作？要事經常被急事排擠，你忙著處理瑣事：接電話、開會、回電子郵件，很可能找不出時間關注中期、更別說長期的目標。如果你老是無法完成重要工作，就要強迫自己每天排出一段時間，即使半小時也好，將

表 9-1　評估主要挑戰

主要挑戰	診斷問題
做好準備	你有沒有揮別過去，以正確的心態面對新工作？
加速學習	你有沒有找出自己必須學些什麼、向誰學習，以及如何加速學習？
根據情境調整策略	你有沒有分析接手的情境，並根據當下情況，決定自己該做或不該做什麼？
談出有利的條件	你有沒有和上司建立良好關係、協調期望，並取得所需資源？
及早創下佳績	你有沒有把心力投注在既能推動長期目標，又可以在短時間內創造動力的優先事項？
調整組織步調一致	你有沒有找出並調整令人挫折、目標不一致的策略、結構或工作技能？
打造你的團隊	你有沒有評估、重整團隊，並確保團隊成員朝著相同方向前進，協助你實現目標？
建立盟友	你有沒有建立組織內外的支援網路，避免白費功夫？

門關上、把電話關掉、別管電子郵件，全神貫注地處理要務。

不要太快承諾：你是否曾因一時衝動而許下承諾，最後後悔莫及？你是否爽快答應看似很久以後發生的事，直到那天來臨，發現自己行程滿檔，才覺得懊惱？假使如此，你就要學習延後承諾。遇到有人要求你做事，你可以說：「聽起來不錯。我先想一想，再讓你知道。」千萬別當場答應。如果對方向你施壓（也許他知道你很難抗拒這種壓力），就說：「如果你現在就要知道答案，那我只好拒絕；如果你可以等，我就能好好考慮。」一開始先拒絕，後來再說好就比較容易；先答應了，之後改變心意就很困難，也可能影響你的聲譽。另外要記得，有些人會提早要求別人承諾，因為那時行程表看起來還很空。

到陽臺：「到陽臺」（Go to the balcony）的意思是讓自己暫時脫離現狀。遇到棘手的問題，你會不會過度投入、情緒深受影響？假使如此，就要後退一步，從遠處評估狀況，再以正確的方式干預處理。領導與談判界的權威向來提倡這個方法[48]。做到這點並不容易，尤其是風險極大、情感過度投入的時候。但是藉由自律和練習，你絕對能培養出這種能力。

自我檢視：你能否察覺自己在轉職過渡期遇到事情的反應？倘若不能，就要刻意提醒自

㊽ 關於談判情境下「到陽臺」（Go to the balcony）的討論，請見威廉・尤瑞（William Ury）的《突破拒絕：透過談判，讓雙方從對立轉為合作》（*Getting Past No: Negotiating Your Way from Confrontation to Cooperation*），紐約：班頓雙日出版社（Bantam Doubleday），一九九三年出版。

己有條理地省察自身狀況。有些領導人會在一天結束時記下大致的想法、印象和問題，有些則是每週撥出時間評估進展。找出適合你的方法，要求自己定期反省，並將得到的見解轉化為行動。

知道何時該放手：借用一句老話，轉職過渡期是一場馬拉松，而非短跑。如果你發現自己經常覺得壓力過大，就要思考何時該放手。當然，這種事知易行難，尤其期限迫在眉睫、覺得多一小時就有天壤之別的時候。這麼做在短期內也許管用，但是長期下來的代價實在太大。所以要設法辨識自己何時到了收益遞減的轉折點，然後好好休息，用任何方式都行，只要能幫助你恢復精力就好。

第三根支柱：建立支援系統

自我管理的第三根支柱是強化個人的支援系統。意思是確保你能掌控周遭環境、穩定大後方，並建立札實的建議與諮詢網路。

掌控周遭環境：倘若支援的基礎設施沒有到位，你就很難集中心力工作。所以，即便有急事必須處理，你都要盡快安排好新辦公室、建立常規、讓助理了解你的期望。有必要的話，在正式系統到位前，可以暫時用臨時資源撐一陣子。

穩定大後方：戰爭的基本原則是避免在太多前線開戰，意思是接任新職的領導人必須先穩定大後方，也就是家庭，才能投注夠多精力在工作之上。假使家庭的價值遭到破壞，你就很難在工作中創造價值，這也是艾瑞克森犯的主要錯誤。

如果接任新職時必須搬家，家人也得適應新生活，就像艾琳一樣，你的另一半可能要換工作，孩子也必須轉學、向朋友告別。換句話說，在你最需要支持和穩定的時候，你的家庭生活可能被打亂，接任新職的壓力也可能導致家人情緒緊繃。此外，家庭成員的問題也會加劇你原本就不小的心理負擔，使你很難創造價值、延後到達損益平衡點的時間。

所以你也必須協助家人調適。首先是接受家人也許對你接任新職感到不滿、甚至怨恨的事實，他們的生活免不了受影響，不過一起討論、化解失落感，也許能緩解他們的情緒。

以下是其他協助家人調適的方法：

- **分析家庭既有的支援系統**：每個家庭都有固定的支援系統，搬家之後，這些關係都會被切斷，像是醫生、律師、牙醫、保母、家教、教練等等。評估家人需要哪些支援系統、排出先後順序，並盡快尋找替代人選。
- **協助另一半重回軌道**：你的另一半可能辭掉工作，打算搬家後另覓新職。如果找工作進展緩慢，對方的心情可能越來越糟。你可以事先和公司商量，請他們提供這方面的協助，讓另一半早一點找到工作，不然就是遷居不久後就請公司幫忙。重要的是不要讓另一半延後動身的時間。

- **謹慎考慮搬家時間**：在學期中搬家，孩子會更難調適。請考慮學年結束後再讓家人搬過去。當然，這麼一來，你就得和心愛的家人分隔兩地，而且舟車勞頓也很辛苦。如果決定這麼做，請務必確保另一半有額外的支援，以減輕對方負擔。一個人帶孩子很不容易。
- **保留熟悉的事物**：盡快重建熟悉的家庭儀式，而且在整個轉職過渡期都要延續。親人的協助，例如孩子最喜愛的祖父母，也可能很有幫助。
- **花心思了解文化**：如果是跨國搬遷，可以向專家求教如何適應新文化。假使有語言或文化方面的障礙，你的家人更容易感到孤立。
- **如果可以，請盡快利用公司的搬遷安頓服務**：公司的搬遷安頓服務通常僅限於協助尋覓新住所、運送家當、找學校，不過都是不小的協助。決定舉家遷移，痛苦在所難免。不過你可以設法緩解、協助家人快速適應。

建立你的建議與諮詢網路：無論領導人多有本事或幹勁，都無法孤軍奮戰。你需要在組織內外尋找能夠信任的顧問，和他們討論你遇到的各種狀況。這類諮詢網路是不可或缺的資源，你才不會孤立無援、視野狹窄。首先，你必須培養三種類型的顧問：技術顧問、文化解說員，以及政治顧問（請見表9-2「顧問類型」）。

表 9-2　顧問類型

類型	角色	他們能夠如何協助？
技術顧問	提供對技術、市場、策略的專業分析	建議採用哪些新技術；協助你解讀和分析技術方面的數據；提供及時、準確的資訊
文化解說員	幫助你了解新文化，如果你希望的話，也能協助你融入	提供關於文化規範、心態、既定假設的深刻見解；協助你使用新組織的語言
政治顧問	讓你掌握辦公室政治	幫助你執行技術顧問的建議；在你思考如何推動計畫時，幫助你檢視想法是否可行；他們會提出：「如果……，會如何？」的問題

你也必須斟酌外部與內部顧問的比例。圈內人了解組織，也熟悉其文化和政治，所以要尋找人脈廣、能夠信任的人幫助你掌握真實狀況，這些人是相當珍貴的資源。

另一方面，圈內人很難不帶情感地提供全然無私的觀點。因此你要用外部顧問來補強內部網路，協助你檢視問題和決策。他們應該擅長傾聽、發問，對於組織運作方式有透澈的認知，同時會替你著想。

使用表9-3來評估你的建議與諮詢網路。分析每一個能夠幫助你的人，看看對方是技術顧問、文化解說員還是政治顧問，並以組織內部或組織外部的顧問來區分。

現在請後退一步，思考現有的網

表 9-3　評估你的建議與諮詢網路

	技術顧問	文化解說員	政治顧問
新組織內部的顧問			
新組織外部的顧問			

路能否提供新職位必要的支援？不要假設過去對你有幫助的人到了新情況依然幫得上忙。你現在遇到的問題不一樣，同一批顧問也許沒辦法協助，例如位階越高，你可能更需要有手腕的政治顧問。

此外，你要提前思考這方面的問題，因為建立有效的網路需要時間，思索下一份工作需要哪種類型的網路永遠不嫌早。你可能需要哪些不同建議？

要建立有效的支援網路，你必須確保自己在必要時能得到適當協助。你的支援網路是否具備下列特質？

- 包含適當比例的技術顧問、文化解說員和政治顧問。
- 包含適當比例的內部與外部顧問。你不但需要圈內人誠實的反饋，也同時需要圈外人冷靜的視角。
- 發自內心支持你的圈外人，不是針對你的新組織或單位，而是對於你個人的支持。通常是老同事或老朋友。
- 能夠信任的內部顧問，他們的目標和你的目標沒有衝突，也能提供確實的建議。

- 重要團體的代表，能夠協助你理解他們的想法。你不能讓自己侷限於一、兩種觀點。

朝目標邁進

我們每天都要督促自己，一個人最終的成敗取決於一路上做出的所有小選擇。這些選擇可能為組織和個人創造動力，也可能導致惡性循環。接任新職的期間，我們每天的行動都在為接下來的行動建立模式，除了影響組織效能，也會影響個人的成效，甚至決定我們能不能過著幸福的生活。

檢查清單：做好自我管理

1. 接任新職後，你最大的弱點是什麼？你打算如何補強？
2. 你最需要培養或加強哪些個人紀律？要怎麼做？如何算是做到？
3. 如何提升對周遭環境的掌控？
4. 如何協助家人適應？你必須建立哪些支援網路？哪些事情要優先處理？
5. 你必須優先改善建議與諮詢網路的哪些部分？你要投注多少心力打造內外的網路？在技術、文化、政治、個人領域方面，哪個領域你最需要額外的協助？

第 10 章

協助所有人加快腳步

我寫這本書，是希望幫助轉職過渡期的領導人判斷情境、確認關鍵挑戰、擬定創造動力的計畫。到目前為止，已有許多人從中受益，根據獨立研究顯示，書裡介紹的方法能將到達損益平衡點的時間縮短四〇％[49]。

領導人出師不利，對個人的打擊自然不在話下，他們的職業生涯甚至可能告終。但是對公司有什麼影響？只要有人轉職出問題，無論是徹底挫敗，或只是表現不如預期，組織都得付出極大代價。所以，如果有最先進的「加速制度」（Acceleration System）協助領導人調適，就能降低企業風險、創造競爭優勢，並加速推動改變。

首先，我們可以思考高階管理人員接任新職可能伴隨的風險，包括從外部聘任或內部升職的主管。一名高層主管轉職失敗，可能直接造成數十萬美元的損失，這還不包括錯失的機會和對公司業務的負面影響。先前提過的獨立研究顯示，參與創世紀顧問轉職過渡期課程或接受輔導的人員，以最保守的薪資標準計算的投資報酬率高達一四〇〇％。除此之外，以下同樣引用自這項研究的說法，讓我們看到脫軌或表現不佳可能造成多大影響[50]。

- 「一名新上任的主管表現始終不見起色，他帶領的地區成長率因此腰斬。換算成稅後數字大約是七百至八百萬美元。」
- 「計畫沒有實施、成果不如預期、新產品延後上市，最後產品開發也出了問題，轉職失敗的損失可能高達一億美元。」

- 「人才流失是極大損失，無法以金額衡量，優秀人才是稀有資源，我們卻沒有好好對待他們。如果他們待不下去，我們就失去極具潛力的員工。」

公司通常有一套評估、管理其他重大風險的制度，高階主管接任新職的風險也應該以同樣嚴謹的態度來管理。因此，加速制度應該成為企業風險管理的一部分。

請思考，如果把所有員工接任新職的表現加總起來，對業績有什麼影響？之前提過，在典型的《財星》五百大公司，每年約四分之一主管會換工作，高層主管的比例又更高。研究顯示，最頂層三層的主管每年有三五％換工作，其中二二％在內部轉職、一三％從外部聘用。每一次轉職都影響到周遭大約十二個人的表現，包括他們的同事、部屬和上司。

再來，請想像，只要將調適的時間縮短一〇％，能夠帶來多大效益，更不用說四〇％。協助每個人適應，不但可以直接提升公司業績，甚至可能成為競爭優勢，因為協助所有人加快腳步，公司也會更為敏捷、反應更快。因此，**加速制度是高績效組織不可或缺的要素**。

㊾ 由《財星》雜誌一百大醫療保健公司獨立進行的研究，研究對象是參與創世紀顧問公司轉職過渡期課程或輔導計畫的一百二十五名員工。參與課程的員工業績平均提升三八％，接受輔導的高層主管業績平均提升四〇％。

㊿ 引用自前述創世紀顧問公司課程與輔導計畫的研究。

最後，請想一想，假使公司遇到重大變化，又會發生什麼事，例如重組、快速成長或併購整合。每一次重大的變化都會引發一波轉職過渡期，在組織內形成瀑布效應。重要的「硬體」任務，包括建立合適的架構和制度，並為關鍵職位尋覓人選，都只是推動變革的第一步。若要達成具體目標，例如讓合併產生一加一大於二的綜效，就必須讓組織上下了解策略方向，並釐清角色、責任、決策權，另外也要讓同事之間加速建立關係。

本書討論的九十天框架能夠協助組織「快速重新布局」（Rapid Rewire），也就是組織轉變的第二階段。此階段的重心通常在於促使團隊加快腳步，而且是由頂層開始，漸漸往下推行。**不同層級的團隊可以運用同一套方法、語言和工具來制定九十天計畫、建立關係、培養團隊合作精神**。能否好好運用這套框架，決定了能不能避免失敗、達成既定目標。許多公司歷經了慘痛教訓，才發現最難的就是改變「軟體」的層面。因此加速制度是協助組織轉變的重要工具。

無論重點是風險管理、提升績效、推動變革，還是以上皆是，若能協助所有層級的員工快速調適，包括內部或外部、個人與團隊，都能為公司帶來極大利益。意思是**我們必須把轉職過渡期視為重要的管理流程，制定合適的框架、工具和制度，協助每個人快速調適**。

所以要如何設計加速制度？你可以按照以下十項原則，為公司找出最恰當的解決方案。

確認哪些關鍵職位處於轉職過渡期

首先是**了解組織內有多少人正處於轉職過渡期**，然後著重於最重要的職位。很多人甚至回答不出公司有多少新員工加入、獲得升遷、在不同單位間轉調、平行調動等這類很基本的問題。倘若沒有相關數據，也不知道人事調動什麼時候發生，就很難設計加速制度。

你**必須了解轉職頻率，才能評估提供不同層級支援的成本效益**，進而有效率地分配資源，比如說你預測一線主管的調動會比較頻繁（高於三〇%），也許是因為公司業務在快速成長。一般而言，這個層級的領導人應該在上任六十天內參加轉職過渡期研討會（實體或虛擬形式），除此之外，如同稍後即將討論的，公司應該立即提供新員工啟動工作的資源。轉職研討會的人數在十五到二十人之間效果最佳。你可以利用這些資訊來規畫何時、何地提供轉職支援。

除了轉換職務的頻率，**了解外部到職、內部轉職、升職和平行調動的比例**也很重要，你才能依此調整支援種類。如同稍後會解釋的，公司提供的支援必須根據轉職類型來制定。

接著是**著重於關鍵職位**。公司裡有哪些重要職位正處於轉職過渡期？假設你們是快速成長的小型製藥公司，一款很有希望的新藥剛獲得上市批准，你們要替銷售團隊聘請生力軍，而且速度要超越另一家公司。公司業績是好是壞，可能取決於新加入的銷售員能不能順利就職。因此，一開始的重點應該放在協助銷售員盡快跟上腳步，同時提升他們的向心力。你可以運用圖10-1「轉職過渡期熱點圖」的轉職過渡期熱點圖（Transition Heat Map），歸納組織裡有哪些重要職位處於轉職過渡期。

找出導致領導人失敗的因素

前言提過，新領導人走馬上任可能遇到一些常見的陷阱，像是墨守成規和同時做太多事。只要好好運用本書介紹的原則，幾乎都能避開這些陷阱。

然而，領導人接任新職時，組織本身也可能出錯，這些問題在設計加速制度時必須一併處理

圖 10-1　轉職過渡期熱點圖

轉職過渡期熱點圖是用來歸納組織有哪些重要職位處於轉職過渡期的工具，如圖表範例所示。首先，把組織內重要的部門、團隊或專案填到最左列；接著是判斷這些部門、團隊或專案是否經歷重大變化；最後，請評估每一個單位轉職類型（外部到職、內部升職、改變工作地點、平級調動）的比例。你可以運用歸納出來的結果，讓同事了解必須優先執行哪些任務。

		轉職過渡類型的比例			
組織單位	重大變化	外部到職	內部升職	改變工作地點	平行調動
部門A	快速成長	高	低	高	中
部門B	徹底改造	中	低	低	高
部門C	併購	無	低	中	高

[51]。在《哈佛商業評論》和國際管理發展學院共同進行的一項研究中，他們請受試者指出組織內部問題導致領導人注定失敗的經典案例。表10-1「接任新職失敗的原因」歸納了偏離目標或表現不佳的可能原因。

如果組織存在這些導致領導人注定失敗的問題，那設計加速制度就沒什麼意義。意思是你也許得先改變公司文化，再來建立制度。假設你們不擅長評估是否要求主管跨太大步，那也許要按照〈前言〉介紹的方法，建立評估轉職過渡期風險的制度；同樣的，如果公司經常在釐清期望方面出問題，也許要運用第四章討論的五種對話，彌補這個缺失。

診斷既有的轉職過渡期，支援措施

許多公司以東拼西湊的方式提供轉職過渡期支援，例如某個單位可能擅長升職初階主管，另一個單位也許嫻熟協助高階主管到職，或者擅長支援跨國轉職。這種拼湊的制度往往必須大幅度修正，甚至重新打造，因為全公司必須使用同一套加速制度，以相同的核心架構

---

(51) 關於導致失敗的精彩討論，請見尚-弗杭索瓦・曼佐尼（Jean-François Manzoni）與尚-路易・巴梭（Jean-Louis Barsoux）的《導致員工失敗症候群》（*The Set-Up-To-Fail Syndrome: Overcoming the Undertow of Expectations*），波士頓：哈佛商業評論出版社，二〇〇七年。

表 10-1　接任新職失敗的原因

轉職過渡類型的比例
• 沒有確實釐清期望與授權範圍。領導人沒有得到充分資訊，或是資訊相互矛盾，使他們搞不清楚自己必須做什麼才能達成目標。 • 雇用與升職時沒有將STARS情境納入考量。沒有花足夠心思依據當前挑戰，挑選最合適的領導人，像是請擅長徹底改造的人來維持成功或調整重組。 • 要求主管跨太大步。讓還沒準備好的人接任新職，導致他們無法適應，最後以失敗收場。 • 達爾文式（Darwinian）的文化。公司沒有給予轉職過渡期的主管充分支援，過度強調「成敗操之在己」的想法。

適用於內部升職的原因	適用於外部到職的原因（也適用於轉調到不同單位）
• 員工獲得拔擢，只因為之前表現不錯，沒有評估他們能否勝任更高層的職務。 • 太晚或沒有提供訓練課程。公司沒有協助主管培養必要技能，或是好幾個月後才提供訓練，使他們錯失在轉職過渡期建立聲譽的機會。 • 主管得同時兼顧新舊工作。公司沒有做好交接規畫，導致接任新職的主管必須在關鍵時期分心處理舊工作。	• 招聘時沒有考量文化契合度。領導人因為具備某些能力而獲得聘用，沒有考量他們能否融入組織文化。 • 沒有提供適應文化方面的支援。新領導人必須自己摸索、了解公司文化，因此在初期犯了很多無謂的錯。 • 沒有協助新領導人辨識、聯絡重要的利害關係人，他們必須自己設法找出哪些人可能影響做事成效，也因此無法及早與對方建立關係。

為基礎。

設計全公司通用的加速制度前，你必須分析現有制度，另外也要找出目前沒有提供支援的領域。可以按照以下方式來評估：

- 找出並衡量公司既有的支援框架和工具。你們使用哪些方法？為什麼？那是不是最好的做法？
- 檢視公司針對不同管理階層提供的轉職過渡期支援，例如輔導教練、虛擬研討會、自學教材，並分析相關的成本效益。
- 評估公司對於不同類型的轉職過渡期支援是否連貫，包括從外部到職、內部升職、平行調動和跨國轉職，有沒有遵循相同的核心模式？
- 找出可能提供轉職過渡期支援的主要利害關係人，像是上司、同事、直屬部屬、人資專員，以及培訓發展人員。
- 評估公司的人資資訊系統（例如網站）能不能支援轉職過渡期，以及有沒有提供轉職在何時、何地發生的數據，以便及時提供支援。

採用相同的核心模式

接任新職的頻率這麼高、影響範圍又這麼大，每一個人，包括上司、部屬、同事，都應該採用同一套核心模式支援轉職過渡期。

加速制度的基礎是一套全公司都能採用的框架、語言和工具，用來談論和規畫轉職過渡期。這可能是建立加速制度最重要的環節。想像一下，所有經歷轉職過渡期的主管都能和上司、同事、部屬討論以下話題：

- 目前的STARS情境，包括新創事業、徹底改造、加速成長、調整重組、維持成功，以及相關的挑戰和機會。
- 技術、文化、政治方面的學習，以及學習計畫包含哪些關鍵元素。
- 與上司和部屬五種對話的進展，關於情況、期望、資源、作風和個人發展。
- 所有人一致認同的優先任務，以及取得初期成效的計畫。
- 必須結交的盟友。

核心相同的模式可以提升討論效率，甚至讓原本可能不會出現的對話能夠浮現。同事比較樂意提供資訊、說出真心話，也更能包容正在努力適應新職的同事。這種有系統的支持讓組織脫離「成敗操之在己」的心態。

及時提供支援

轉職過渡期包含一系列可預測的階段：領導人上任後，會先密集評估；進一步了解現況後，就能為組織制定策略方向，包括使命、目標、策略和願景；一旦釐清了方向，就能針對關鍵議題做決策，包括架構、流程、人才和團隊；在此同時，他們會找出取得初期成效的機會、開始推動變革。

因此，**新領導人需要的支援類型，也會隨著轉職過渡期的不同階段，出現可以預測的變化。**一開始的重點是協助加速學習，包括技術、文化和政治方面，隨著領導人逐漸了解組織，支援的重心應該轉變為協助確立策略方向、為長遠目標奠定基礎、取得初期成效等等。

重要的是，我們提供的支援必須讓轉職過渡期的領導人能夠消化。一旦接任新職，他們就得面對川流不息的事件，能夠學習、反思、計畫的時間有限；如果支援沒有及時到位，領導人就不太可能用得上。

因此，**我們要盡可能運用上任前的時間。轉職過渡期是從招募遴選時就開始，而非等到正式就職才啟動。這段時間相當珍貴，可以讓新領導人了解組織，並規畫初期工作。**

因此，設計加速制度時，要盡可能協助領導人在上任前取得最大成效，也就是提供必要的資料和工具，讓他們規畫初期診斷，另外也要盡早協助他們與主要利害關係人聯繫。如果是高階主管，也許可以聘請轉職過渡期輔導專家參與上任前的診斷，包括與主要利害關係人面談，並將這些知識轉化為實質的評估，提供規畫初期討論時需要的基本資訊。

使用架構明確的流程

加速適應的矛盾之處在於，新上任的領導人往往忙得不可開交，幾乎沒時間學習和計畫。他們知道自己應該設法挖掘可用的資源、好好規畫轉職過渡期，但是接任新職後，總有迫在眉睫的事得處理，反而無暇顧及這項重要工作。

雖然善加運用上任前的時間、提供及時協助都有幫助，不過轉職過渡期還是需要強制性的活動，包括事前在每個階段安排指導會議，或是訂出群體活動的時程，讓領導人能夠脫離繁瑣的公務、花時間思考，並制定或修正他們的九十天計畫。

因此，轉職過渡期的支援不該設計成自由探索的流程、讓領導人自定節奏。**最好在關鍵階段安排一系列活動，包括指導會議或群體活動，例如轉職輔導教練協助領導人在上任前判斷情境與自我評估後，兩人就可以開一次會，啟動接下來的流程**。

公司如果有提供轉職輔導教練，請務必讓教練和新領導人及早接觸。輔導教練密切參與上任前的診斷很有幫助，因為他們可以把對現狀的了解傳遞給新領導人，這是相當珍貴的資源。若能在這個關鍵階段把資訊提供給新領導人，雙方的關係就會更穩固。

按照轉職類型提供支援

雖然九十天的框架和工具適用於所有類型的轉職過渡期，不過重要程度不太一樣，像是投注多少心力了解組織文化。因此我們必須找出最需要協助的轉職類型，並依此開發明確、具體的資源。

針對以下兩種常見的轉職情況，公司必須提供新領導人額外的支援：

- **內部升遷**：如同第一章討論的，所有獲得升職的主管，都會遇到一系列可預期的挑戰。勝任新層級必備的能力，也許和之前的職位截然不同。他們可能要扮演不同角色、展現不同作為，或以不同方式和部屬互動。所以我們要提供必要資源，協助甫獲升遷的領導人駕馭新層級、自我評估和擬訂計畫。
- **外聘到職**：同樣的，領導人加入新組織，或是轉調到文化不同的單位，可能遇到協調期望、適應新文化與建立人脈的挑戰。所以要針對需求提供資源，讓他們了解如何把事情做好，並協助確認、聯繫重要的利害關係人，他們才不會脫序失控，也能縮短適應的時間。

按照職位層級提供支援

如果成本不是問題，那所有接任新職的主管都應該得到量身打造的密集支援。理想情況下，**公司要為所有新主管指派轉職輔導教練，在他們上任前檢視狀況並呈報結果。輔導教練協助領導人自我評估、找出轉職過渡期的主要風險，並支援診斷計畫與設定目標、協助領導人評估團隊、讓團隊目標一致，然後針對領導人的表現蒐集回饋**，當然，只要新主管需要，都能隨時和他們討論。

高層領導人能否順利調適，對公司業務影響至深，所以提供轉職輔導教練的確說得過去（轉職輔導〔Transition Coaching〕與能力發展輔導〔Development Coaching〕是兩回事，請見後面的「轉職輔導與能力發展輔導」分析），不過為低階主管提供轉職輔導教練就未必符合成本效益。這個問題可以分成三部分解決：第一，找出替代的支援方案（例如以群體活動、虛擬研討會、自學教材取代輔導教練）；第二，評估這些方案的成本效益；第三，根據主管的層級高低，提供最合適的支援方式和程度，讓投資得到最大回報。

轉職輔導與能力發展輔導

轉職輔導與能力發展輔導很不一樣。轉職輔導教練必須具備商業頭腦，才有辦法擔任新領導人的顧問、受到信任；除此之外，他們也必須熟悉組織與組織文化。因此最好不要讓新上任的領導人帶入自己的輔導教練，因為他們也許缺乏輔導轉職過渡期的經驗，對新組織的文化和政治也不夠了解。

表 10-2 轉職輔導與能力發展輔導

轉職輔導	能力發展輔導
• 協助領導人： – 估評營運狀況與領導人接任新職的情況； – 制定建立動力的策略； – 制定自我管理的策略； – 制定行動計畫。 • 輔導教練必須具備商業頭腦，才能提供適當比例的建議與行為輔導。	• 協助領導人： – 評估現有的能力和行為； – 找出必須補強的能力與有問題的行為； – 修正問題、培養關鍵能力。

釐清每個人扮演的角色，並找出合適的獎勵政策

支援轉職過渡期需要團隊合作。領導人能否順利接掌新職，可能受很多人影響，主要包括上司、同事、直屬部屬、人力資源專員、輔導教練、提供指導的前輩等等。雖然支援的責任也許落在一個人身上，通常是輔導教練或人資專員，但是我們必須思考其他人可以扮演什麼角色，並找出鼓勵他們這麼做的方法。

例如，新主管若能快速適應，對他的上司顯然有好處，但是上司可能也很忙。所以要仔細思考如何為上司和其他關鍵人士提供指引和工具，讓他們專注、有效率地支援新部屬。同樣的，人力資源專員也可以提供寶貴的支援，協助新領導人了解組織文化，不過前提是他們必須了解自己能做些什麼，也有這麼做的動力。

與其他人才管理制度整合

如果將協助新員工加速調適的制度與公司的招募和領導力發展制度相結合，能夠發揮最大效益。這聽起來理所當然，因為即便再好的到職系統，也無法彌補有問題的招募制度。雇用與公司文化不符的員工，也很難靠著到職訓練降低偏離軌道的風險。

所以，每次看到那麼多公司沒有好好整合招募和到職制度，我都覺得不可思議。負責這

些事務的員工向組織不同單位呈報，主管擁有不同、甚至分歧的目標，衡量標準和獎勵政策也不一致。所以首要之務是把這些人納到同一張大傘下、找出一致的目標和獎勵政策。

此外，**招募時也要考慮轉職過渡期的風險，也就是把風險容忍度（Risk Tolerence）納入遴選條件**，如圖10-2「結合招募與到職制度」所示。很多公司採用「尋找最佳選手」的招聘方式，也就是錄用擁有必備能力的人，卻沒有花心思評估對方的適應能力。你可以任用文化背景截然不同的人，不過務必謹慎權衡能力和文化適應間的得失，也要在招聘過程評估轉職過渡期的風險。當然，要做到這點，你必須熟知公司文化、了解新進員工適應時可能遇到的困難，同時藉由蒐集回饋不斷改進，如下圖所示。

另外，**招募時若能取得與風險相關的訊息，也要運用在到職程序**。一般來說，公司會在招聘過程中以各種方式進行評估，例如心理測驗與深入面談。心理測驗可以提供轉職輔導教練與研討會助教（Workshop Facilitator）珍貴的資訊，讓他們了解新主管的作風，以及對方在適應文化方面可能遇到的困難。同樣的，透過面談，也可以取得許多與轉職過渡期風險相關的訊息，不過你必須明確地要求面試官評估、預測對方適應新職可能遇到的挑戰。

領導力發展計畫和加速制度也可以整合。領導力發展計畫是協助人才做好進入下一階段的準備；加速制度則是幫助他們跨出那一步。雖然這樣描述起來，兩者似乎有所區隔，不過實際操作時，還是可以將之連結。

例如我們可以運用領導力發展計畫的活動，讓參與者熟悉組織的加速制度。這麼一來，

圖 10-2　結合招募與到職制度

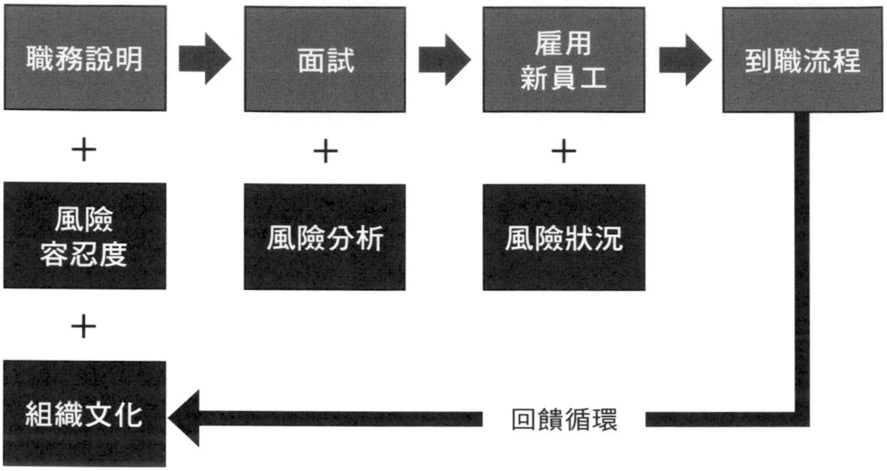

領導人就有機會了解轉職過渡期的心態，並思考時機來臨時，自己該如何接掌新職。此外，領導力發展課程也可以做為基礎，讓他們了解自己必須培養哪些適應新職的能力，這樣的基礎很重要，因為轉職過渡期的領導人往往忙得不可開交。

另一個例子是運用STARS模式，評估領導人在不同情況下轉職的經驗，並以此為基礎，打造更紮實的領導力發展計畫。公司可以藉由讓有潛力的主管擔任一系列職位，培養他們管理不同情境的能力。運用這種評估方式也能找出潛在的破綻，例如發現一名主管幾乎都只有徹底整頓的經驗，就要設法讓他接受其他情境的磨練。

思考一下自己的職業生涯，再填寫表10-3的「職涯發展計畫」。

結論

公司裡有這麼多人轉換職位，影響層面又如此廣泛，我們當然要評估制定和實行加速制度的成本效益。最好的制度是以一套核心框架與工具為基礎，另外也必須及時提供支援、配合不同類型的轉職情況，並以符合成本效益的方式執行。此外，組織環境也要納入考量，也就是讓主要利害關係人目標一致、提供獎勵，並連結到招募與領導力發展制度。

檢查清單：協助所有人加快腳步

1. 組織內有哪些重要職位正經歷轉職過渡期？發生的頻率為何？
2. 你們能否確認什麼人在什麼時候接掌新職？
3. 加速制度的框架、語言和工具有沒有遵循一套相同的核心？
4. 接任新職的主管能否及時取得所需支援？如何為外部到職與內部升職的主管提供必要資源？
5. 公司的招募與加速制度有沒有連結？
6. 轉職過渡期加速制度該不該納入領導力發展計畫？
7. 如何運用九十天計畫的框架加速推動組織變革，例如重組或併購後的整合？

表 10-3　職涯發展計畫

	新創事業	徹底改造	加速成長	重組調整	維持成功
市場行銷					
銷售					
財務					
人力資源					
營運					
研發					
資訊管理					
其他					

每一行代表你待過的職能部門，每一列是你經歷過的業務情境。把擔任過的每一項職務填入表格，外加重要的專案或特別任務。

例如，假設你的第一份工作是在市場行銷部門，當時組織正處於徹底改造階段，那就在相應的格子內填入 ①（代表第一份管理職）；假設你接下來是到新成立的業務部門（或是新產品、新專案），也就是新創事業的情況，那就在那一格填入②；如果你同時加入專案小組，處理新創事業的營運問題，那就在相應的格子填入⚠2。

記錄所有工作，然後把各點連起來，就是你的職業軌跡。看看有沒有空行或空列？這對你接任新職的準備工作有什麼影響？有沒有潛在的盲點？

從新主管到頂尖主管

作者	麥克・瓦金斯（Michael D. Watkins）
譯者	方祖芳
商周集團執行長	郭奕伶
視覺顧問	陳栩椿
商業周刊出版部	
總編輯	余幸娟
責任編輯	盧珮如
封面設計	Atelier Design Ours
內頁排版	黃淑華
出版發行	城邦文化事業股份有限公司 商業周刊
地址	104 台北市中山區民生東路二段 141 號 4 樓 電話：(02)2505-6789　傳真：(02)2503-6399
讀者服務專線	(02)2510-8888
商周集團網站服務信箱	mailbox@bwnet.com.tw
劃撥帳號	50003033
戶名	英屬蓋曼群島商家庭傳媒股份有限公司城邦分公司
網站	www.businessweekly.com.tw
香港發行所	城邦 (香港) 出版集團有限公司 香港灣仔駱克道193號東超商業中心1樓 電話：(852)25086231　傳真：(852)25789337 E-mail：hkcite@biznetvigator.com
製版印刷	鴻柏印刷事業股份有限公司
總經銷	聯合發行股份有限公司　電話：（02）2917-8022
初版 1 刷	2020 年 6 月
初版 5.5 刷	2023年 12 月
定價	380元
ISBN	978-986-5519-03-2

國家圖書館出版品預行編目（CIP）資料

從新主管到頂尖主管：哈佛商學院教授教你90天掌握精純策略、達成關鍵目標／麥克・瓦金斯（Michael D. Watkins）著；方祖芳譯.
--初版, -- 臺北市： 城邦商業周刊，2020.06
頁；17×22公分.
譯自：The first 90 days: proven strategies for getting up to speed faster and smarter
ISBN 978-986-5519-03-2（平裝）
1. 領導論　2. 決策管理

494.2　　109002727

金商道

The positive thinker sees the invisible, feels the intangible, and achieves the impossible.

惟正向思考者，能察於未見，感於無形，達於人所不能。 —— 佚名